FORSCHUNGSBERICHTE DES LANDES NORDRHEIN-WESTFALEN

Nr. 2113

Herausgegeben im Auftrage des Ministerpräsidenten Heinz Kühn
von Staatssekretär Professor Dr. h. c. Dr. E. h. Leo Brandt

Dr. rer. nat. Rainer Ewald
Prof. Dr. rer. nat. Hans Grönig
Prof. Dr. sc. techn. Fritz Schultz-Grunow
Lehrstuhl für Allgemeine Mechanik
an der Rhein.-Westf. Techn. Hochschule Aachen

Erforschung der Wärmeleitfähigkeit von Gasen bei extrem hohen Temperaturen

SPRINGER FACHMEDIEN WIESBADEN GMBH 1970

Verlags-Nr. 012113

© Springer Fachmedien Wiesbaden 1970
Ursprünglich erschienen bei Westdeutscher Verlag GmbH, Köln und Opladen 1970

Gesamtherstellung: Westdeutscher Verlag ·

ISBN 978-3-663-20024-6   ISBN 978-3-663-20379-7 (eBook)
DOI 10.1007/978-3-663-20379-7

Inhalt

Liste der Symbole 5

Einleitung 7

1. Grundgleichungen der Temperaturgrenzschicht 8
2. Grundgleichungen des Interferometers für ionisiertes Gas 11
3. Versuchsanordnung 13
4. Auswertung und Ergebnisse 15
5. Fehlerquellen 18
6. Fehlerabschätzung 19
7. Zusammenfassung 27
8. Literaturverzeichnis 28
9. Anhang 31

Liste der Symbole

a	Schallgeschwindigkeit
b_1, b_2, b_3	Ableitungen der Dichte bei der Abschätzung der Interferometerfehler
c	Lichtgeschwindigkeit
c_p	spezifische Wärme bei konstantem Druck
D	Breite der Meßstrecke
E_i	Ionisationsenergie
f	Frequenz
F	Brennweite
g	Abstand der Gegenstandsebene vom Austrittsfenster der Meßstrecke
h'	Wirkungsquantum
h	absolute Verschiebung der Interferenzstreifen
H	relative Verschiebung der Interferenzstreifen
i	Enthalpie
k	Boltzmann-Konstante
K	Gladstone-Dale-Konstante
m	Teilchenmasse
M	Machzahl
n	Brechungsindex
N	Teilchendichte
p	Gasdruck
q	Wärmestromdichte
q_w	Wärmestromdichte durch Wärmeleitung
q_k	Wärmestromdichte durch Konvektion
q_s	Wärmestromdichte durch Strahlung
s	Abstand der Filmthermometer voneinander
S	Korrektur der relativen Streifenverschiebung
t	Zeit
t'	Dicke der Meßstreckenfenster
T	Temperatur
u	Strömungsgeschwindigkeit
v	Stoßwellengeschwindigkeit
x	Wegkoordinate
y	Wegkoordinate
Y	Wegkoordinate
Z	Zustandssumme

Indizes: e Elektronen
            i Ionen
            n Atome
            o Bezugszustand

α Ionisationsgrad
β, γ Konstanten bei der Abschätzung der Interferometerfehler
λ Wärmeleitfähigkeit
Λ Lichtwellenlänge
ν Gladstone-Dale-Konstante für Teilchensorten
ϱ Massendichte
σ Exponent der Temperaturabhängigkeit von λ

Einleitung

In der letzten Zeit wurde eine Reihe von Arbeiten veröffentlicht, die sich mit der experimentellen Bestimmung der Wärmeleitfähigkeit von Gasen bei hohen Temperaturen befassen. Anlaß zu diesen Untersuchungen ist einerseits der Wunsch, für die beim Wiedereintritt von Körpern in die Erdatmosphäre auftretenden Wärmeübergänge die Stoffwerte der z. T. dissoziierten und ionisierten Gase zu kennen. Zum anderen braucht man in der kinetischen Gastheorie experimentelle Daten, um die Tauglichkeit der verschiedenen Modellvorstellungen über Transportvorgänge zu prüfen.
Bisher wurden die Experimente im allgemeinen so angelegt, daß für eine angenommene Temperaturabhängigkeit der Wärmeleitfähigkeit $\lambda \sim T^\sigma$, wie sie den kinetischen Modellen gemeinsam ist, der Exponent σ bestimmt wurde, der die Modelle unterscheidet. In der vorliegenden Arbeit wird ein Verfahren entwickelt und angewandt, mit dem man den Absolutwert $\lambda(T)$ der Wärmeleitfähigkeit bei einer bestimmten Temperatur erhält.
Die Idee, ein ruhendes Paket heißen Gases zur Bestimmung der Wärmeleitfähigkeit zu benutzen, ist schon früher verwirklicht worden. Eine Reihe von Autoren hat aus der Messung des Wärmestromes gegen die Stoßrohrrückwand auf die Wärmeleitfähigkeit geschlossen. SMILEY [1] maß in Argon zwischen 1000 und 3000°K, HANSEN, EARLY, ALZOFON und WITTEBORN [2] und PENG und AHTYE [3] untersuchten dissoziierte Luft. COLLINS und MENARD [4] und COLLINS, GREIF und BRYSON [5] maßen Wärmeleitfähigkeiten in Edelgasen bis 6700°K. CAMAC und FEINBERG [6] und FAY und ARNOLDI [11] geben sogar Werte bis 75000°K, die sie kurz nach der Stoßreflexion vor Einsetzen der Gasionisation gemessen haben. Die jüngsten Messungen stammen von MATULA [7], der Edelgase und Gasgemische zwischen 650 und 5000°K untersuchte.
BUNTING und DEVOTO [8] machten mit einem Mach-Zehnder-Interferometer Momentaufnahmen vom Dichte- und Temperaturverlauf in der Temperaturgrenzschicht an der Rohrrückwand.
Alle diese Autoren stellen die Grenzschichtgleichungen für den Wärmeleitungsvorgang auf und nehmen dann eine Temperaturabhängigkeit der Leitfähigkeit λ von

$$\lambda = \lambda_0 \left(\frac{T}{T_0}\right)^\sigma$$

an. Die Meßgröße, die den Experimenten entnommen wird, ist der Exponent σ. Er wird in den Vergleichsrechnungen so lange variiert, bis gerechneter und gemessener Wärmestrom (bzw. Temperaturprofil) übereinstimmen. Der Bezugswert λ_0 ist ein Standardwert bei niedriger Temperatur T_0. Bei diesem Verfahren wird vorausgesetzt, daß sich der Exponent σ nicht selbst mit der Temperatur ändert.
SMEETS [9] nimmt bei seiner Wärmeleitfähigkeitsmessung in Luft nicht a priori eine bestimmte Form der Temperaturabhängigkeit an. Er macht eine Serie von Experimenten mit steigender Temperatur, in denen er den λ-Wert bei der jeweiligen Temperatur aus dem interferometrisch gemessenen Temperaturprofil der Grenzschicht und der vorher gemessenen Wärmeleitfähigkeit bei niedrigeren Temperaturen bestimmt.

In der vorliegenden Arbeit wird die zeitliche Entwicklung der Temperaturgrenzschicht an der Stoßrohrrückwand zur Bestimmung des Koeffizienten der Wärmeleitfähigkeit bei einer bestimmten Temperatur benutzt. Aus einer Serie von Interferogrammen der Grenzschicht, aufgenommen mit einem Laser-Stroboskop, werden alle zur Berechnung von λ aus den Grenzschichtgleichungen benötigten Größen bestimmt. Lediglich bei der unbedeutenden Korrektur, die die Veränderlichkeit von λ mit der Grenzschicht-Temperatur berücksichtigt, wird von dem Ansatz

$$\lambda = \lambda_0 \left(\frac{T}{T_0}\right)^\sigma$$

Gebrauch gemacht. Hier benötigt man nur den Anstieg dieser Funktion, der vom gut bekannten Exponenten σ abhängt.

1. Grundgleichungen der Temperaturgrenzschicht

Die experimentelle Untersuchung des Wärmeleitungsvorgangs, aus dem der Wärmeleitfähigkeitskoeffizient λ bestimmt wird, erstreckt sich auf das Gebiet der Temperaturgrenzschicht am Ende des Stoßrohres, die entsteht, wenn das durch den reflektierten Stoß aufgeheizte Gas an der Rückwand abkühlt. Die Grundgleichungen dieser kompressiblen Temperaturgrenzschicht schreiben wir in der üblichen Form [4, 5, 8, 9] (dabei bedeuten: ϱ = Dichte, i = Enthalpie, u = Strömungsgeschwindigkeit, t = Zeit, x = Wegkoordinate, speziell Abstand von der Rückwand, λ = Wärmeleitfähigkeit, T = Temperatur):

Energiesatz:
$$\varrho \left(\frac{\partial i}{\partial t} + u \frac{\partial i}{\partial x}\right) = \frac{\partial}{\partial x}\left(\lambda \frac{\partial T}{\partial x}\right) \tag{1}$$

Kontinuitätsgleichung:
$$\frac{\partial \varrho}{\partial t} + \frac{\partial (\varrho u)}{\partial x} = 0 \tag{2}$$

Dabei sind folgende Vereinfachungen getroffen, die in der Stoßrohrgrenzschicht gelten:

1. Der Druck p des Gases darf konstant angenommen werden, denn Interferogramme zeigen noch lange Zeit nach der Stoßreflexion absolut parallele Streifen. Bei variablem Druck könnte konstante Dichte nur durch ein statistisch unwahrscheinliches Zusammenspiel von Druck und Temperatur zustande kommen. Abb. 1* zeigt hierzu ein Interferogramm, das 920 µs nach der Reflexion eines Stoßes der Machzahl $M = 6$ mit einem Laser-Einzelblitz aufgenommen wurde. Die Dichte ist $\varrho_5 = 0{,}19$ g/l, die Temperatur T_5 ca. 8000 °K. Die senkrechten Linien auf dem Bild sind Marken für die Scharfeinstellung der Optik.

2. Die Rückwand des Stoßrohres ist eben. Die Temperaturgrenzschichten auf den Glasfenstern der Meßstrecke sind dünn (ca. 1 mm) im Vergleich zu der interferometrisch wirksamen Länge D des Lichtwegs in der Rückwandgrenzschicht ($D = 56{,}4$ mm). Daher kann das Problem eindimensional (x-Richtung normal zur Rückwand) behandelt werden.

3. Die Strömungsgeschwindigkeiten[1] sind so klein, daß die Zähigkeit keinen Einfluß hat. Der Impulssatz enthält mit der Geschwindigkeit u und der Druckänderung $\partial p/\partial x$ nur Größen, die von höherer Ordnung klein sind. Damit sind die Zustandsgrößen in

---

* Die Abbildungen stehen im Anhang ab Seite 31
[1] Hinter dem reflektierten Stoß kommt das Gas zunächst zur Ruhe. Durch die Abkühlung des Gases an der Rückwand wächst die Dichte, so daß mit der Geschwindigkeit u Materie nachgeliefert werden muß.

Energiesatz und Kontinuitätsgleichung in erster Näherung unabhängig vom Impulssatz.

Im Energiesatz benutzen wir die Definition der spezifischen Wärme c_p

$$di = c_p dT. \tag{3}$$

c_p ist in den Experimenten mit hoher Genauigkeit konstant, der Zahlenwert variiert nur um 0,01%. Bei den in den Versuchen erreichten Temperaturen und Drücken, bei denen gerade noch keine merkliche Ionisation α auftritt ($\alpha < 0,0001\%$), verhält sich außerdem Argon wie ein ideales Gas; das bedeutet bei konstantem Druck

$$\varrho T = \text{const}, \tag{4}$$

$$\varrho = \frac{\text{const}}{T} \tag{4a}$$

Damit wird aus Gl. (1)

$$\varrho c_p \left(\frac{\partial T}{\partial t} + u \frac{\partial T}{\partial x} \right) = \frac{\partial}{\partial x} \left(\lambda \frac{\partial T}{\partial x} \right) = \lambda \frac{\partial^2 T}{\partial x^2} + \frac{\partial \lambda}{\partial x} \frac{\partial T}{\partial x}, \tag{5}$$

eine Differentialgleichung für $\lambda(x)$.

Da λ bei konstantem Druck allein von der Temperatur abhängt, ist

$$\frac{\partial \lambda}{\partial x} = \frac{d\lambda}{dT} \frac{\partial T}{\partial x}. \tag{6}$$

Eingeführt in (5) ergibt dies

$$\varrho c_p \left(\frac{\partial T}{\partial t} + u \frac{\partial T}{\partial x} \right) = \lambda \frac{\partial^2 T}{\partial x^2} + \frac{d\lambda}{dT} \left(\frac{\partial T}{\partial x} \right)^2. \tag{7}$$

Alle bisherigen Untersuchungen haben ergeben, daß sich λ nur schwach mit T ändert. So kann man, wo der Temperaturgradient nicht zu groß ist, den Term mit $d\lambda/dT$ als Korrektur betrachten und die Gleichung nach λ auflösen:

$$\lambda = \frac{\varrho c_p}{\frac{\partial^2 T}{\partial x^2}} \left(\frac{\partial T}{\partial t} + u \frac{\partial T}{\partial x} \right) - \frac{1}{\frac{\partial^2 T}{\partial x^2}} \frac{d\lambda}{dT} \left(\frac{\partial T}{\partial x} \right)^2 \tag{8}$$

Die einzelnen Glieder werden nach folgendem Schema benannt:

$$\lambda = \lambda^{(1)} + \Delta \lambda^{(2)} + \Delta \lambda^{(3)} \tag{9}$$

Darin ist der erste Ausdruck

$$\lambda^{(1)} = \varrho c_p \frac{\partial T}{\partial t} \bigg/ \frac{\partial^2 T}{\partial x^2} \tag{10}$$

die Wärmeleitungsgleichung für ruhendes Medium und konstantes λ; der zweite Anteil

$$\Delta \lambda^{(2)} = \varrho c_p u \frac{\partial T}{\partial x} \bigg/ \frac{\partial^2 T}{\partial x^2} \tag{11}$$

berücksichtigt das Nachströmen des Gases zur Rückwand, und der letzte Term

$$\Delta \lambda^{(3)} = -\frac{d\lambda}{dT} \left(\frac{\partial T}{\partial x} \right)^2 \bigg/ \frac{\partial^2 T}{\partial x^2} \tag{12}$$

enthält die Veränderlichkeit von $\lambda(T)$. Der Ausdruck $\lambda^{(1)}$ ist die übliche Gleichung für die Wärmeleitfähigkeit. Er macht den Hauptanteil von λ aus. Da, wie oben erwähnt, die Strömungsgeschwindigkeit u klein ist, kann $\Delta\lambda^{(2)}$ als Zuschlag zu $\lambda^{(1)}$ betrachtet werden. Er ergibt sich zu etwa 20% von $\lambda^{(1)}$. $\Delta\lambda^{(3)}$ ist eine kleine Korrektur von etwa 2%. Aus diesen drei Anteilen setzt sich λ wie folgt zusammen:

$$\lambda^{(2)} = \lambda^{(1)} + \Delta\lambda^{(2)},$$

$$\lambda = \lambda^{(2)} + \Delta\lambda^{(3)} = \lambda^{(1)} + \Delta\lambda^{(2)} + \Delta\lambda^{(3)}$$

Die Strömungsgeschwindigkeit u ergibt sich aus der Kontinuitätsgleichung (2) zu

$$\varrho u = - \int_0^x \frac{\partial \varrho}{\partial t} dx \tag{13}$$

und mit Hilfe von (4a) zu

$$\varrho u = - \int_0^x \frac{d\varrho}{dT} \frac{\partial T}{\partial t} dx = \int_0^x \frac{\varrho}{T} \frac{\partial T}{\partial t} dx. \tag{14}$$

So wird

$$\Delta\lambda^{(2)} = c_p \frac{\partial T}{\partial x} \int_0^x \frac{\varrho}{T} \frac{\partial T}{\partial t} dx \Big/ \frac{\partial^2 T}{\partial x^2}. \tag{15}$$

Hier ist das Vorzeichen von $\Delta\lambda^{(2)}$ bemerkenswert: Da $\partial T/\partial t$ und $\partial^2 T/\partial x^2$ negativ sind, wird $\Delta\lambda^{(2)}$ positiv, d. h. durch Berücksichtigung der Konvektion erhöht sich der Betrag der Wärmeleitfähigkeit. Anschaulich bedeutet das bei der Betrachtung des Temperaturprofils in der Grenzschicht, daß das Gas wegen des Nachströmens aus heißeren Gebieten weniger abgekühlt erscheint, als wenn es vollkommen ruhte, d. h. man registriert eine zu schwache Wärmeleitung.

Im Gegensatz dazu bekommt man bei der Bestimmung von λ aus dem Wärmestrom bei Vernachlässigung der Konvektion einen zu hohen Wert von λ [5]. Man mißt nämlich den Gesamtwärmestrom q_{ges} (der sich aus dem Wärmeleitungsanteil q_w, dem Konvektionsanteil q_k und dem Strahlungsanteil q_s zusammensetzt):

$$q_{\text{ges}} = q_w + q_k + q_s = -\lambda^* \text{ grad } T, \tag{16}$$

der größer ist als der Wärmeleitungsanteil.

Als Bestimmungsgleichung für λ erhält man, wenn (14) in (8) eingesetzt wird,

$$\lambda = \varrho c_p \frac{\partial T}{\partial t} \Big/ \frac{\partial^2 T}{\partial x^2} + c_p \frac{\partial T}{\partial x} \int_0^x \frac{\varrho}{T} \frac{\partial T}{\partial t} dx \Big/ \frac{\partial^2 T}{\partial x^2} - \frac{d\lambda}{dT} \left(\frac{\partial T}{\partial x}\right)^2 \Big/ \frac{\partial^2 T}{\partial x^2} \tag{17}$$

$$= \lambda^{(1)} + \Delta\lambda^{(2)} + \Delta\lambda^{(3)}. \tag{17a}$$

Alle in dieser Gleichung auftretenden Größen außer c_p und $d\lambda/dT$ lassen sich aus den interferometrischen Aufnahmen ableiten. c_p wird den Tabellen von HILSENRATH et al. [10] entnommen. Für die Temperaturabhängigkeit von λ wird, wie gesagt, der Ansatz

$$\lambda = \lambda_0 \left(\frac{T}{T_0}\right)^\sigma \tag{18}$$

eingeführt mit $\sigma = 2/3$. Damit wird

$$\frac{d\lambda}{dT} = \frac{\lambda_0 \sigma}{T_0} \left(\frac{T}{T_0}\right)^{\sigma-1}.$$

Hier kann man als Bezugstemperatur die lokale Temperatur T wählen, für die $\lambda^{(1)}$ und $\Delta\lambda^{(2)}$ berechnet worden sind. Dann ergibt sich für λ_0 der Wert

$$\lambda_0 = \lambda^{(2)} = \lambda^{(1)} + \Delta\lambda^{(2)}.$$

Also

$$T_0 = T; \quad \lambda_0 = \lambda^{(2)}.$$

So wird

$$\frac{d\lambda}{dT} = \frac{\sigma}{T} \lambda^{(2)} \tag{19}$$

und

$$\Delta\lambda^{(3)} = -\lambda^{(2)} \frac{\sigma}{T} \left(\frac{\partial T}{\partial x}\right)^2 \bigg/ \frac{\partial^2 T}{\partial x^2}, \tag{20}$$

mit $\sigma = 2/3$, in welcher Gleichung nun wieder alle Größen aus den Messungen entnommen werden können.

2. Grundgleichungen des Interferometers für ionisiertes Gas

Zur Messung des Dichtefeldes in der Temperaturgrenzschicht des Stoßwellenrohres (und entsprechend des Temperaturfeldes) wird ein Mach-Zehnder-Interferometer benutzt[2]. Abb. 2 zeigt den Strahlengang im Interferometer: Der von links kommende Lichtstrahl wird von der Teilerplatte I aufgespalten und über die Spiegel II und IV in der Platte III zusammengeführt. Die beiden Strahlengänge sind (einschließlich der Meßkammerfenster) identisch bis auf das Stück der Länge D in der Meßkammer oben, in dem eine andere optische Dichte herrschen kann als in der Ausgleichsstrecke unten. g ist der Abstand der scharf abzubildenden Ebene 0 vom Austrittsfenster der Meßstrecke. Die Spiegel werden vor der Messung in folgender Weise eingestellt:

a) Bei konstanter Dichte in der Meßstrecke sollen in der Filmebene enge waagerechte Interferenzstreifen erscheinen (der Abstand A der Streifen ergibt sich bei Beleuchtung mit Licht der Wellenlänge Λ aus der Kippung $\varepsilon/2$ des Spiegels IV aus der Grundstellung mit parallelen Spiegeln zu $A = \Lambda/\varepsilon$). Abb. 3 zeigt diese Einstellung und das Koordinatensystem für die Auswertung. Die Interferenzstreifen enden links an der Rohrrückwand.

b) Der Ort der Interferenzen wird in der Meßstrecke in die Ebene 0 gelegt, die 2/3 Meßstreckenlängen vom Eintrittsfenster entfernt ist.

Wird nun bei der Ausbildung der Temperaturgrenzschicht im Verlauf des Experiments die Dichte und damit der Brechungsindex $n(x)$ des Testgases mit dem Ort (hier nur mit x) veränderlich, so resultiert daraus eine Verschiebung $H(x)$ der Interferenzstreifen

$$D[n(x) - n_0] = H(x) \cdot \Lambda. \tag{1}$$

D ist der geometrische Lichtweg in der Meßstrecke, Λ hier die Wellenlänge des verwendeten Lichts.

---

[2] Zur Theorie des Mach-Zehnder-Interferometers s. [12], [13].

Bei Gasen ist das Brechvermögen $n-1$ proportional zur Massen- bzw. Teilchendichte N (K, ν = Gladstone-Dale-Konstante)

$$n - 1 = K \cdot \varrho = \nu \cdot N, \qquad (2)$$

die sich bei Gasgemischen (z. B. schwach ionisiertem Edelgas) aus den Partialdichten der Teilchensorten mit verschiedenem ν zusammensetzt [14]:

$$n - 1 = \nu_n N_n + \nu_e N_e + \nu_i N_i \qquad (3)$$

(Die Indizes bedeuten: n = Atome, i = Ionen, e = Elektronen.) Führen wir den Ionisationsgrad α ein und betrachten ein einfach ionisiertes Edelgas, etwa Argon, so ist

$$\alpha = N_e/N_0; \quad N_0 = N_i + N_n \qquad (4)$$

und

$$N_n = N_0(1 - \alpha); \quad N_e = N_i = \alpha N_0 \qquad (5)$$

Nach Rechnungen von ALPHER, WHITE [15] ist das spezifische Brechvermögen $\nu = (n-1)/N$ für Argonionen

$$\nu_i \approx \frac{2}{3} \nu_n \qquad (6)$$

So erhält man für das Brechvermögen von einfach ionisiertem Argon

$$n(x) - 1 = (1 - \alpha/3)\nu_n N_0(x) + \alpha \nu_e N_0(x) = [(1 - \alpha/3)\nu_n + \alpha \nu_e] N_0(x) \qquad (7)$$

und im Bezugszustand 0

$$n_0 - 1 = [(1 - \alpha_0/3)\nu_n + \alpha_0 \nu_e] N_{00}. \qquad (8)$$

(7) und (8) werden in die abgewandelte Gl. (1)

$$n(x) - 1 = \frac{H(x) \cdot \Lambda}{D} + n_0 - 1 \qquad (9)$$

eingesetzt:

$$[(1 - \alpha/3)\nu_n + \alpha \nu_e] N_0 = \frac{H \cdot \Lambda}{D} + [(1 - \alpha_0/3)\nu_n + \alpha_0 \nu_e] N_{00}. \qquad (10)$$

Mit p = const gilt für ideale Gase

$$\frac{N_0(x)}{N_{00}} = \frac{\varrho(x)}{\varrho_0} = \frac{T_0}{T(x)}. \qquad (11)$$

(11), in (10) eingesetzt, ergibt die Formel zur Berechnung von Dichte $\varrho(x)$ und Temperatur $T(x)$ aus der Streifenverschiebung $H(x)$ beim Ionisationsgrad $\alpha(x)$:

$$\frac{\varrho(x)}{\varrho_0} = \frac{T_0}{T(x)} = \frac{\dfrac{H(x) \cdot \Lambda}{D \cdot N_{00}} + [(1 - \alpha_0/3)\nu_n + \alpha_0 \nu_e]}{(1 - \alpha(x)/3)\nu_n + \alpha(x)\nu_e} \qquad (12)$$

Für die Ausbreitung monochromatischen Lichts ist der Phasenbrechungsindex maßgebend. Aus [15] entnimmt man für die Konstanten ν_n, ν_e

$$\nu_e = \left(\frac{n-1}{N}\right)_e = -(4{,}46 \cdot 10^{-14} \text{ cm}) \Lambda^2$$

$$\nu_n = \left(\frac{n-1}{N}\right)_n = 1{,}03717 \cdot 10^{-23} \text{ cm}^3 + (5{,}79926 \cdot 10^{-34} \text{ cm}^5)/\Lambda^2. \qquad (13)$$

Das ergibt für Rubinlaserlicht von $\Lambda = 6943$ Å

$$\nu_e = -\ 2{,}14995 \cdot 10^{-22}\ \text{cm}^3$$
$$\nu_n = 1{,}04920 \cdot 10^{-23}\ \text{cm}^3. \tag{14}$$

Der Ionisationsgrad α ist eine Funktion der Temperatur T und des Druckes p, welch letzterer bei den vorliegenden Interferogrammen, wie gesagt, von x unabhängig ist. Die Abhängigkeit wird durch die SAHA-Gleichung [16]

$$\frac{\alpha^2}{1-\alpha^2} = \frac{kT}{p}\frac{2}{h'^3}\left(2\pi\frac{m_e m_i}{m} kT\right)^{3/2} \frac{Z_1}{Z_0} e^{-\frac{E_i}{kT}} \tag{15}$$

(k = Boltzmannkonstante, h' = Wirkungsquantum, m = Teilchenmassen) ausgedrückt. Mit $m \approx m_i$ wird

$$\frac{\alpha^2}{1-\alpha^2} = C \cdot \frac{Z_1}{Z_0}\frac{T^{5/2}}{p} e^{-\frac{E_i}{kT}}; \qquad C = \frac{2}{h'^3}\sqrt{(2\pi m_e)^3 k^5}. \tag{16}$$

Für Argon ist $\quad C = 0{,}49947 \cdot 10^{-3}\ \text{Torr}/°\text{K}^{5/2}$
$ = 0{,}65719 \cdot 10^{-6}\ \text{Atm}/°\text{K}^{5/2}.$

Mit $Z_0 = 1$ und $Z_1 = 6$ erhält man durch Auflösen nach α [17][3]:

$$\alpha = \left[\left(2{,}540 \cdot 10^5\ \frac{°\text{K}^{5/2}}{\text{Atm}}\right)\frac{p}{T^{5/2}}\exp\left(\frac{1{,}821 \cdot 10^5\ °\text{K}}{T}\right) + 1\right]^{-1/2} \tag{17a}$$

bzw.

$$\alpha = \left[\left(334{,}21\ \frac{°\text{K}^{5/2}}{\text{Torr}}\right)\frac{p}{T^{5/2}}\cdot\exp\left(\frac{1{,}821 \cdot 10^5\ °\text{K}}{T}\right) + 1\right]^{-1/2} \tag{17b}$$

3. Versuchsanordnung

Zur Erzeugung des heißen Gases, an dem die Wärmeleitung untersucht wird, dient ein Stoßwellenrohr konventioneller Bauart [17] (Abb. 4 zeigt die gesamte Versuchsanordnung, wie sie hier beschrieben wird). Der Hochdruckteil von 2 m Länge hat einen inneren Durchmesser von 96 mm und ist für einen Maximaldruck von 100 at ausgelegt. Der Niederdruckteil, im ganzen 6 m lang, besteht in Stromrichtung gesehen zunächst aus einem 4 m langen Stück mit Kreisquerschnitt von ebenfalls 96 mm, in das ein 3,5 m langes Vierkantrohr von 54×54 mm^2 Querschnitt eingeschoben ist. Dieses Rohr ist am vorderen Ende angeschärft und endet in einer Meßkammer gleichen Querschnitts, die die Interferometerfenster von 70 mm Durchmesser trägt. In die Meßkammer vom Rohrende her sorgfältig eingepaßt ist ein Messingpfropfen, der die Rückwand bildet und im Fenster zu sehen ist. Die Rückwand ist plangeschliffen.
Der Niederdruckteil des Rohres kann mit einer Diffusionspumpe auf etwa 10^{-5} Torr evakuiert werden. (Bei den Versuchen wurde vor Einlassen des Testgases bis auf 10^{-4} Torr abgepumpt.) Der Hochdruckteil, der in den Vorversuchen mitunter mit Wasserstoff gefüllt wurde, wird von der Vorpumpe des Niederdruckteils mitevakuiert.

---

[3] Die Gl. (17) ist erst bei höheren Temperaturen korrekt, denn nach LAPORTE [16] ist genauer
$$Z_1 = 4 + 2 e^{-2063°K/T}. \tag{18}$$
Bei niedrigen Temperaturen, wo dieser Unterschied eine Rolle spielen könnte, ist indessen der Ionisationsgrad vernachlässigbar klein, weshalb sich der Fehler nicht auswirkt.

Hoch- und Niederdruckteil sind mit Düsen zum Abbrennen des Wasserstoffüberdrucks versehen; beim Evakuieren kann der Wasserstoff am Pumpenauspuff verbrannt werden. Der Gasdruck im Niederdruckteil wurde mit einem Präzisions-Feinmeßmanometer bzw. einem Membran-Vakuummeter gemessen. Zur Messung der Stoßgeschwindigkeit und zum Starten des Laser-Stroboskops sind in 2,02 m bzw. 1,32 m Abstand vor dem Rohrende in der Seitenwand des Rohres zwei Filmthermometer eingelassen, deren Meßsignale gleich an Ort und Stelle mit einem dreistufigen Transistorverstärker [24] (Abb. 5) verstärkt werden.

Die Signale starten bzw. stoppen eine Quarzuhr, die die Laufzeit des Stoßes zwischen den Filmthermometern auf 0,1 μs genau mißt. Das erste Signal startet außerdem über eine einstellbare Verzögerung die Steuerung des Impulslasers sowie die Entladung in der Laserpumplampe.

Die eigentliche Messung, die Aufnahme des Dichteverlaufs in der Temperaturgrenzschicht, wird mit dem vorher beschriebenen Mach-Zehnder-Interferometer durchgeführt. Der Abstand der Spiegel, die den Meßstrahl begrenzen, beträgt 60 cm. Die Spiegel haben einen Durchmesser von 60 mm. Das Mach-Zehnder-Interferometer ist so aufgestellt, daß die Meßstrecke des Stoßrohres im Meßstrahl des Interferometers liegt. Abb. 6 zeigt diese Anordnung. Ganz links sieht man die Feldlinse, durch die das Licht das Interferometer verläßt. Rechts ist das Stoßwellenrohr mit der Meßstrecke. Auf dem Rohr sitzt eine Ionisations-Triggersonde, die bei höheren Machzahlen während der Vorversuche benutzt wurde.

Im Vergleichsstrahlengang des Interferometers sind in einer Ausgleichskammer die gleichen Fenster eingebaut wie in der Meßstrecke. Die große Kohärenzlänge des benutzten Laserlichts macht eine Anpassung der Gasdichte in der Ausgleichskammer an die der Meßstrecke unnötig.

Laser und Interferometer sind so ausgerichtet, daß ihre optischen Achsen genau in der Ebene der Rohrrückwand liegen. So werden Störungen des Interferenzbildes durch Spiegelung des Laserstrahls an der Rückwand vermieden.

Als Beleuchtung für das Interferometer dient ein Rubinlaser [18] (Abb. 7) mit einer Wellenlänge von 6943 Å, der im Pulsbetrieb benutzt wird. Das Blockschema der Steuerung des Lasers ist in Abb. 8 wiedergegeben. Das Zünd- und Kontrollgerät bekommt über einen äußeren Verzögerer-Verstärker vom ersten Filmthermometer einen Triggerpuls von etwa 50 V. Es startet nach einer einstellbaren Verzögerung die Kondensatorentladung über eine Xenon-Blitzlampe, die den Laser pumpt. Nach einer weiteren, fest eingestellten Zeitspanne gibt das Zünd- und Kontrollgerät einen Gate-Puls einstellbarer Dauer (z. B. 600 μs), währenddessen der Pulsgenerator Steuerpulse für die Modulation der Laserentladung abgibt. Diese Pulse werden im Modulator auf 5,5 kV verstärkt und steuern einen KDP-Kristall, der durch Beeinflussung der Polarisationsrichtung des Laserlichts als Güteschalter im Laser wirkt.

Die Frequenz des Pulsgenerators liegt zwischen 10 kHz und 1 MHz. Bei den hier beschriebenen Versuchen betrug der Zeitabstand der Laserblitze rd. 20 μs. Die Belichtungszeit der einzelnen Bilder ist etwa 50 ns. Einen Eindruck von der Gleichmäßigkeit der Laserpulse gibt Abb. 9.

Das Licht des Lasers ist von Natur aus scharf gebündelt. Um den für die Ausleuchtung des Interferometerbildfeldes nötigen größeren Strahldurchmesser zu erreichen, ist vor dem Laser eine kleine Sammellinse ($F = 1{,}6$ cm) und konfokal dazu eine große Linse ($F = 15$ cm) angebracht. Im gemeinsamen Brennpunkt der Linsen steht eine enge Lochblende (»Modenblende«), die achsenferne Anteile des Laserlichts zurückhält und so Interferenzen der Laserlichtanteile untereinander verhindert. Bei Fehlen dieser Blende bekommt das Interferenzbild eine störende zusätzliche Struktur. Will man die Gleichmäßigkeit der Ausleuchtung weiter steigern, so kann man in der Modenblende noch eine kleine Mattscheibe unterbringen. In den Experimenten dieser Arbeit wurde das getan.

Das Licht verläßt das Mach-Zehnder-Interferometer durch eine Feldlinse und ein Interferenzfilter, das Laserlicht von 6943 Å durchläßt, das Stoßleuchten aber absorbiert. Der Lichtstrahl wird dann über einen Umlenkspiegel in eine Drehspiegelkamera geworfen [25]. Sie ermöglicht die Aufnahme von Bildfolgen mit den sehr hohen Frequenzen des Laser-Stroboskops. Mit dem Filmbahndurchmesser von 3,40 m und einer Umdrehungszahl bis zu 50 000 U/min ist der Bildabstand auf dem Film bei 1 MHz Bildfolge noch 1,7 cm. Es wurde ein 35-mm-Schmalfilm Kodak High Speed Infrared Film HIR 121-1 verwendet. In Abb. 10 sieht man links einen Teil der Filmbahn und die Vorratskassette für den Film, daneben freistehend den Umlenkspiegel. In der Mitte das Kamera-Objektiv und rechts ein Stück des Interferometers.

Das Verhältnis von Kreissektor (90°) der Kamera zur Anzahl der Spiegel (4) bedingt, daß während der Hälfte der Zeit die Kamera nicht aufnahmefähig ist. Der Lichtstrahl mit der Bildinformation wird dann nicht auf das Viertel des Kameraumfangs geworfen, in dem der Film aufgespannt ist. Um feststellen zu können, ob bei einem Versuch der Film belichtet wurde oder nicht, wurde an der Rückseite der Kamera eine Lampe angebracht, deren Licht von der der Optik abgewandten Seite des Drehspiegels auf eine Fotozelle gelenkt wird. Diese Fotozelle ist so angeordnet, daß sie vom Licht der Kontrollampe in dem Augenblick getroffen wird, in dem die Kamera aufnahmebereit wird. Das Signal der Fotozelle wird zusammen mit einem Signal der Lasersteuerung auf einem Kathodenstrahl-Oszillograph registriert und mit einer Polaroid-Kamera festgehalten.

4. Auswertung und Ergebnisse

Durch die Versuche liegen Filmstreifen vor mit je einer Serie von Interferogrammen der Temperaturgrenzschicht am Ende des Stoßwellenrohrs, wie sie in Abb. 9 (S. 34) gezeigt werden, ferner die Messung der Laufzeit t des Stoßes über den Abstand s der Triggersonden, für den Testgasdruck p_1 vor dem Stoß und den Druck p_4 im Hochdruckteil sowie für die Frequenz f der Laserpulse.

Aus den Meßwerten wird zunächst die Machzahl M über die Stoßgeschwindigkeit v berechnet. Es ist

$$M = \frac{v}{a} = \frac{s}{t \cdot a} = \frac{2187{,}5}{t\,[\mu\mathrm{s}]} \qquad (1)$$

für Argon bei Zimmertemperatur und $s = 70$ cm. Die Dichte ϱ_1 vor dem Stoß ist bei Argon

$$\varrho_1\,[\mathrm{g/l}] = 2{,}32 \cdot 10^{-3}\, p_1\,[\mathrm{Torr}]. \qquad (2)$$

Die Auswertung der Interferogramme beginnt bei einem Bild des Filmstreifens, das vor dem Eintreffen der Stoßwelle belichtet wurde. Auf jedem Bild sind parallele und gekreuzte Bezugslinien mitfotografiert, die es erlauben, alle Bilder des Films an der gleichen Stelle im Meßmikroskop zu befestigen. In Abb. 16 (S. 38) sind die Bezugslinien als eine punktierte horizontale und als zwei schwache vertikale Linien zu erkennen.

Für verschiedene, im allgemeinen 8 Interferenzstreifen auf diesem Bild wird zuerst die Streifenform $y^*(x^*)$ vermessen, wo x^* den Abstand von der Rohrrückwand im Maßstab des Films bedeutet und y^* die dazu senkrechte Koordinate. Nachdem in dieser Weise die apparativ bedingten Störungen berücksichtigt sind, d. h. die Unregelmäßigkeiten der Interferenzlinien infolge von Unebenheiten der Interferometerspiegel bzw. eine leichte Schrägstellung der Interferenzstreifen, werden nun in gleicher Weise drei zeitlich folgende äquidistante Bilder vermessen, die nach der Stoßreflexion aufgenommen wurden und die Entwicklung der Temperaturgrenzschicht zeigen. In Abb. 11 sind drei solche Bilder zusammengefaßt, die die Grenzschicht 60 µs, 180 µs und 300 µs nach der Reflexion eines Stoßes der Machzahl $M = 4{,}48$ wiedergeben. Man sieht dort wieder die gekreuzten und parallelen Bezugslinien, die als Marken bei der Befestigung der Bilder unter dem Mikroskop dienen; die ösenförmigen Schatten stammen von einem Draht, der im Vergleichsstrahlengang des Interferometers an der Stelle liegt, die der scharf abzubildenden Ebene 0 in der Meßstrecke entspricht.

Von den bei der Vermessung dieser Interferogramme erhaltenen Zahlenwerten werden die bereits ermittelten apparativen Störungen abgezogen. Man hat nun eine Reihe von Funktionen $Y_n(x^*)$, die das Profil des Brechungsindex zu berechnen erlauben. Als asymptotischer Wert $Y_n(\infty)$, bei dem der Zustand 5 hinter der reflektierten Stoßwelle erreicht ist, wird jener Punkt x* in $Y_n(x^*)$ genommen, wo eine horizontale Tangente erstmals erreicht wird. In dieser Festlegung ist sicher eine bestimmte Unsicherheit einbegriffen, die sich auf die Bezugstemperatur T_5 auswirkt. Es hat sich aber durch Vergleichsrechnungen gezeigt, daß diese Ungenauigkeit unter 1% liegt. Eine weitere Bezugsgröße, die ermittelt werden muß, ist der Streifenabstand Λ.

Diese Daten werden nun auf einer elektronischen Rechenanlage in Temperatur- und Dichtewerte umgerechnet. Hierzu muß von der jeweiligen Temperatur T_5 ausgehend für niedrigere Temperaturen bis 2000°K unterhalb von T_5 eine Tabelle des Ionisationsgrades $\alpha(T, p)$ mittels der SAHA-Gleichung (2.17) berechnet werden. Dann kann die relative Streifenverschiebung $H(T, \alpha(T))$ mit der aus (2.12) durch Umstellung folgenden Gleichung

$$H(T) = \frac{D \cdot N_{00}}{\Lambda} \left[\frac{T_0}{T} \{(1 - \alpha(T)/3) \, v_n + \alpha(T) \, v_e\} \right.$$
$$\left. - \{(1 - \alpha_0/3) \, v_n + \alpha_0 v_e\} \right] \quad (3)$$

berechnet werden.

Nun wird aus den Streifenpositionen $Y_n(x^*)$ durch Differenzbildung mit $Y_n(\infty)$ die Streifenverschiebung und durch Division mit dem Streifenabstand die relative Verschiebung $H(x^*)$ berechnet. Aus der Tabelle $H(T)$ wird durch Interpolation das zu $H(x^*)$ gehörige $T_n(x^*)$ berechnet und schließlich mit der Beziehung

$$\frac{\varrho_n(x^*)}{\varrho_0} = \frac{T_0}{T_n(x^*)} \quad (4)$$

die Dichte $\varrho_n(x^*)$ bestimmt.

Durch Mittelung der Zahlenwerte aus den 8 vermessenen Interferenzstreifen werden die Funktionen $T(x^*)$ und $\varrho(x^*)$ punktweise bestimmt. Die Funktionswerte werden aufgezeichnet und durch möglichst glatte Kurvenzüge verbunden. Abb. 12 zeigt diese Kurven für die Interferogramme aus Abb. 11 bei $t_1 = 60$ µs, $t_2 = 120$ µs, $t_3 = 180$ µs und $t_4 = 300$ µs. Das Interferogramm für $t_2 = 120$ µs ist in Abb. 11 nicht enthalten. Die Kurven wurden am Grenzschichtrand so gezeichnet, daß sie asymptotisch die Temperatur $T_5 = 4930$°K erreichen, welche Temperatur aus den Diagrammen von GLASS und HALL [19] stammt.

Aus diesen Kurven sind nun die Funktionen $\partial T/\partial x$, $\partial^2 T/\partial x^2$, $\partial T/\partial t$ zu bilden, die in den Gln. (1.10), (1.15), (1.20) zur Berechnung der Wärmeleitfähigkeit benötigt werden. Zunächst wurde versucht, die Temperaturprofile numerisch zu differenzieren. Der

Aufwand war sehr groß und die Ergebnisse sehr ungenau. Schließlich wurden die Funktionen $T(x^*)$ und $\varrho(x^*)$ durch Polynome angenähert und dann analytisch differenziert. Als Stützwerte für die Ausgleichspolynome dienen Zahlenwerte, die durch Digitalisierung der in Abb. 12 gezeichneten Kurven gewonnen werden. Auf dem Elektronenrechner werden verschiedene Grade der Approximation berechnet. Benutzt werden dann die Polynome, die möglichst wenig Welligkeit in den Ableitungen zeigen. Für diese Rechnungen wurde ein Programm zur Verfügung gestellt, das durch einen zwischengeschalteten Integrationsvorgang sehr glatte Polynome berechnet [27]. Die Glättung durch Integration wird erforderlich, da Approximationspolynome, die mit der einfachen Methode der kleinsten Fehlerquadrate gewonnen werden, für die anschließende Differentiation zu wellig sind. Mit den ausgewählten Polynomen werden für das mittlere von drei äquidistanten Bildern die Ableitungen $\partial T/\partial x$ und $\partial^2 T/\partial x^2$ berechnet. Hierbei ist der fotografische Abbildungsmaßstab x/x^* zu berücksichtigen.

Die zeitliche Ableitung erhält man aus den beiden äußeren der drei Bilder 1 und 3 durch Differenzbildung:

$$\left(\frac{\partial T}{\partial t}\right)_{\text{Bild 2}} \approx \frac{T_3 - T_1}{t_3 - t_1}, \tag{5}$$

die bezüglich des mittleren Bildes einer quadratischen Interpolation entspricht. In das Programm wurde die Berechnung von $\lambda^{(1)}$ [Gl. (1.10)] mit eingebaut.

Für die Berechnung von $\Delta\lambda^{(2)}$ wurde aus den Zahlenwerten, die das Rechenprogramm lieferte, der Integrand in Gl. (1.15)

$$\frac{\varrho}{T} \cdot \frac{\partial T}{\partial t}$$

als Funktion von x aufgezeichnet. Die Fläche unter dem Kurvenzug der Funktion ergibt den Wert des Integrals in (1.15). Für die Korrektur $\Delta\lambda^{(3)}$ [Gl. (1.20)] werden die Funktionen $\partial T/\partial x$ und $\partial^2 T/\partial x^2$ aus der Polynomberechnung benutzt.

Auf die oben beschriebene Weise wurden einige in den Versuchen gewonnene Interferogrammserien ausgewertet. Dabei ergaben sich für die Wärmeleitfähigkeit die in Tab. I zusammengestellten Werte.

Tab. I Zahlenergebnisse

$T/°K$	$\lambda^{(1)}$	$\Delta\lambda^{(2)}$	$\Delta\lambda^{(2)}$	λ
4650	0,120	0,027	0,006	0,153
4700	0,121	0,026	0,007	0,154
4725	0,108	0,025	0,004	0,137
4730	0,118	0,025	0,004	0,147
4750	0,118	0,007	0,004	0,129
4825	0,114	0,006	0,002	0,122

(λ in W/m °K)

In Abb. 13 sind diese Ergebnisse zusammen mit früheren Meßergebnissen verschiedener Autoren und den gerechneten Werten von AMDUR und MASON [20] dargestellt. Dabei wurden auch unsere Werte von $\lambda^{(1)}$, die sich ohne Berücksichtigung der Konvektion ergeben, eingetragen. Man sieht, daß die neuen Absolutmessungen keine Entscheidung zugunsten irgendeines der früher angegebenen Funktionsverläufe ermöglichen. Allerdings zeigen sie, daß das Anschließen der Wärmeleitfähigkeitsfunktion

$$\lambda = \lambda_0 \left(\frac{T}{T_0}\right)^\sigma$$

an die bekannten λ-Werte bei tieferen Temperaturen keine schwerwiegenden Fehler verursacht.

Die Fehlerbetrachtung und -abschätzung in den folgenden Abschnitten wird ergeben, daß die Abweichungen der neuen Absolutmessungen von den früheren Wärmeübergangsmessungen in den gleichen Streubereich fallen.

5. Fehlerquellen

Es sollen die Fehlerquellen bei der Messung und bei der Auswertung untersucht werden.

1. Machzahlmessung

Es besteht eine kleine Unsicherheit bei der Ansprechzeit der Filmthermometer, eine weitere liegt in der Genauigkeitsgrenze des Zeitzählers. Außerdem entsteht ein Fehler dadurch, daß die Machzahl nicht am Rohrende gemessen wird, weil die Geschwindigkeit der Stoßwelle bis zur Meßstrecke abnimmt. Der Fehler in der Machzahl beeinflußt die Kenntnis des Gaszustandes in der Meßstrecke.

2. Druckmessung

Sie geschieht mit Hilfe eines Membranvakuummeters und bedingt den Fehler in der Gasdichte.

3. Abbildungsmaßstab

Der fotografische Abbildungsmaßstab wurde gemessen mit dem wirklichen Abstand zweier paralleler Linien, die mitfotografiert wurden.

4. Justierung der optischen Achse

Wenn die optischen Achsen von Laser, Interferometer und Drehspiegelkamera nicht übereinstimmen und außerdem nicht fluchtend zur Rohrrückwand verlaufen, wird das Interferometerbild verfälscht.

5. Einfluß des Dichtegradienten

Der Dichtegradient in der Temperaturgrenzschicht an der Rohrrückwand lenkt das Laserlicht aus seiner Richtung ab und bedingt eine zusätzliche Streifenverschiebung sowie im allgemeinen eine Verzerrung des Interferometerbildes bezüglich der x-Achse.

6. Gaszusammensetzung

Nicht gemessen wurde die Zusammensetzung des Testgases Argon, das einerseits nicht in reinster Form zur Verfügung stand, andererseits durch Restgas und Öldämpfe im Stoßrohr verunreinigt sein könnte.

7. Endliche Breite der Interferenzstreifen

Das Ausmessen der Interferogramme ist wegen der natürlichen Breite der Interferenzstreifen mit einer Unsicherheit behaftet.

8. Grenzschichtdicke

Die Dicke der Temperaturgrenzschicht mußte geschätzt werden, da durch Einflüsse von der Rohrströmungsgrenzschicht [21] kein ganz konstanter Zustand 5 hinter der reflektierten Stoßwelle erreicht wird.

9. Abschattungseffekt

Durch die Ablenkung des Laserlichts zur Rohrrückwand hin infolge des dort herrschenden Dichtegradienten wird ein Teil des Interferenzbildes abgedeckt, so daß die Grenzschicht nicht bis ganz an die Wand vermessen werden kann. Dies bedingt eine gewisse Willkür bei der Berechnung des Integrals in Gl. (1.15), das die Konvektion berücksichtigt.

10. Zeitliche und räumliche Ableitungen

Die bedeutendsten Fehler entstehen bei der Bildung der Ableitungen aus den Temperaturprofilen.

11. Strahlungsfluß

Das hocherhitzte Gas hinter der reflektierten Stoßwelle kühlt sich auch durch Strahlung ab. Der Energiestrom der Strahlung ist bei höheren Temperaturen beträchtlich. Da hier der Wärmestrom für die Messung nicht benutzt wird, entfällt dieser Einfluß.
Im folgenden werden diese Fehler im einzelnen nach ihrer Größe und ihrem Einfluß auf das Meßergebnis abgeschätzt.

6. Fehlerabschätzung

1. Machzahlmessung

Der Fehler der Quarzuhr δt_u dürfte etwa eine Einheit der letzten angezeigten Dezimalstelle sein, d. h. $\delta t_u = 0{,}1$ μs. Er fällt nicht ins Gewicht gegen die Ansprechunsicherheit der Filmthermometer δt_T, die etwa $\delta t_T = 1$ μs betragen dürfte. Bei Meßzeiten von 400 bis 500 μs ergibt 1 μs einen relativen Fehler von 0,2%. Bedeutender ist der Einfluß der Stoßabschwächung, die bei einem anderen Stoßrohr gleicher Bauart zu 5% je Meter Rohrlänge gemessen wurde. Das bedeutet für die hier gegebenen Verhältnisse knapp 7% Ungenauigkeit in der Geschwindigkeitsmessung. Der Wert der Schallgeschwindigkeit a des Testgases ist geringen Schwankungen durch die nicht reproduzierbare Gastemperatur unterworfen. Sie betragen etwa 1%. So wird der Gesamtfehler in der Machzahl M

$$\frac{\delta M}{M} = \frac{\delta v}{v} + \frac{\delta a}{a} \approx 0{,}08 = 8\% . \tag{1}$$

2. Druckmessung

Das Membranvakuummeter wurde von Zeit zu Zeit mit einem U-Rohr-Manometer geeicht und erlaubte eine Messung, die auf 0,5 Torr genau war. Bei einem niedrigsten Testgasdruck von 15 Torr bedeutet das einen Fehler von maximal 3,5%.

Die Auswirkungen der Fehler 1 und 2 auf die Kenntnis des Gaszustandes 5 hinter der reflektierten Stoßwelle sind folgende: Mit den Diagrammen von GLASS, HALL [19] wird wegen des Fehlers δM die Unsicherheit für $T_{51} = T_5/T_1$ und $\varrho_{51} = \varrho_5/\varrho_1$ (1 = Zustand vor dem einfallenden Stoß)

$$\delta T_{51} \leq 1; \qquad \frac{\delta T_{51}}{T_{51}} \leq 0{,}05 = 5\%; \qquad (2)$$

$$\delta \varrho_{51} \leq 0{,}17; \qquad \frac{\delta \varrho_{51}}{\varrho_{51}} \leq 0{,}02 = 2\%. \qquad (3)$$

Dazu kommt aus der Druckmessung für

$$\varrho_1 = \text{const} \cdot p_1$$

der Fehler

$$\frac{\delta \varrho_1}{\varrho_1} = \frac{\delta p_1}{p_1} \leq 0{,}035 = 3{,}5\%, \qquad (4)$$

was für den Zustand 5 bei einer Temperaturunsicherheit von

$$\frac{\delta T_1}{T_1} \leq 0{,}02 = 2\%$$

folgende Werte ergibt:

$$\frac{\delta \varrho_5}{\varrho_5} = \frac{\delta \varrho_1}{\varrho_1} + \frac{\delta \varrho_{51}}{\varrho_{51}} \leq 0{,}035 + 0{,}02 = 0{,}055 = 5{,}5\% \qquad (5)$$

$$\frac{\delta T_5}{T_5} = \frac{\delta T_1}{T_1} + \frac{\delta T_{51}}{T_{51}} \leq 0{,}02 + 0{,}05 = 0{,}07 = 7\%. \qquad (6)$$

Für den Druck, der aus der idealen Gasgleichung berechnet wird, hat man

$$\frac{\delta p_5}{p_5} = \frac{\delta T_5}{T_5} + \frac{\delta \varrho_5}{\varrho_5} \leq 0{,}125 = 12{,}5\%. \qquad (7)$$

3. Abbildungsmaßstab

Der Maßstab der Abbildung des Interferenzmusters auf dem Film wird nur bei der Bildung der räumlichen Ableitungen der Temperatur benutzt. Der statistische Fehler bei der Messung des Abstands der wirklichen Eichlinien beträgt etwa 1% und bei der Messung auf dem Negativ des Interferogramms etwa 2%. Damit wird der Gesamtfehler des Abbildungsmaßstabs etwa 3%.

4. Justierung der optischen Achse

Die Auswirkungen einer Fehljustierung von Laser, Interferometer, Stoßrohr und Kamera sind nur sehr schwer abzuschätzen. Sie sind aber bei einem kleinen Fehler schon erheblich. Deshalb wurde die Justierung besonders sorgfältig folgendermaßen ausgeführt:

a) Ein Nivellier-Fernrohr wird so aufgestellt, daß seine optische Achse horizontal und genau in der Ebene liegt, die durch die Oberfläche der Rohrrückwand bestimmt wird. Dies kann man sehr genau einstellen, indem man die Spiegeleigenschaft der Rohrrückwand ausnutzt und das Fernrohr so lange seitlich verschiebt, bis von einer schräg hinter der Meßstrecke angebrachten Lichtquelle keine Spiegelung mehr zu sehen ist.

b) Auf der optischen Bank, auf welcher der Laser montiert ist, wird, möglichst weit vom Laseraustrittsfenster entfernt, ein Fadenkreuz so angebracht, daß es mit dem Laserstrahl konzentrisch ist. Diese Einstellung geschieht durch mehrmaliges Lasern auf das Fadenkreuz und anschließendes Korrigieren der Position des Kreuzes.

c) Nun wird der Laser auf die optische Achse des Fernrohrs ausgerichtet. Dazu dienen als Marken das Fadenkreuz und das Austrittsfenster des Lasers.

d) Man kann sich nun durch Probelasern auf einen Schirm am Fernrohrobjektiv vergewissern, daß die Rückwand des Stoßrohres auf die Mitte des Fernrohrobjektivs abgebildet wird.

e) Die erste der beiden Linsen, die der Verbreiterung des Laserstrahls dienen, wird nun zentrisch in den Strahlengang eingebracht, anschließend die Modenblende, die im gemeinsamen Brennpunkt der beiden Verbreiterungslinsen steht. Schließlich folgt die Zentrierung der großen Linse dieser Anordnung. Sie ist so groß, daß sie nicht nach der Einfassung zentriert werden kann. Sie wird so lange verschoben, bis das Bild der Lochblende wieder im Fadenkreuz des Fernrohrs erscheint. Diese Einstellung ist sehr empfindlich. Bereits bei Verschiebungen von 0,1 mm ist das Bild abgewandert. Erneutes Probelasern kontrolliert die Richtigkeit der bisherigen Justierung.

f) Nun folgt der Einbau der Feldlinse des Interferometers. Da nach dem Einbau der Linse der Laser nicht mehr im Fernrohr scharf zu sehen ist, wird zunächst auf einem Fenster der Meßstrecke ein Fadenkreuz so angebracht, daß es sich mit dem des Fernrohrs deckt. Bei ihrem Einbau wird die Feldlinse so lange seitlich verschoben, bis die Fadenkreuze wieder übereinanderliegen.

g) Zum Schluß wird die optische Achse der Kamera auf die optische Achse der Anordnung gebracht. Dazu wird zunächst das Interferometer mit einer ständig brennenden Lichtquelle beleuchtet, nämlich einem Glühlämpchen hinter der Modenblende. Ein Rotfilter von der Wellenlänge des Laserlichts wird davorgesetzt, so daß gleichzeitig im monochromatischen Licht die Entfernungseinstellung am Kameraobjektiv vorgenommen werden kann. Die Interferometerspiegel sind so eingestellt, daß das Interferenzbild waagerechte Streifen zeigt. Die Überführung der beiden optischen Achsen ineinander geschieht durch den Umlenkspiegel, der nun so lange gedreht und verschoben wird, bis bei voller Bildschärfe die Interferometerstreifen geradlinig senkrecht in die Rohrrückwand münden [8], [22].

Bei einer Fehljustierung ergibt eine Kombination von Reflexion des Lichts an der Rohrrückwand und Beugung des Lichts an der Wandkarte eine Verschiebung der Interferenzstreifen (»spurious fringes«), die als scharfes Abknicken der Streifen an der Wand zu bemerken ist. Instruktive Skizzen und Fotos hierzu finden sich im Bericht von BUNTING und DEVOTO [8]. Es konnte so justiert werden, daß diese Erscheinungen nicht auftraten.

5. Einfluß des Dichtegradienten

In der Temperaturgrenzschicht des Stoßrohres durchquert das Laserlicht ein Gebiet, in dem der Brechungsindex einen Gradienten senkrecht zum Lichtstrahl hat. Lichtstrahlen werden in einem solchen Gebiet zur dichteren Seite abgelenkt. Die Begründung findet man anschaulich im Wellenbild: Von jedem Punkt der Wellenfront 1 in Abb. 14 zur Zeit t_1 (die bis hierher geradlinig in einem Medium konstanter Brechzahl verlaufen sein mag) gehen Kugelwellen aus. Im optisch dichteren Medium (rechts) breiten sich diese langsamer aus als im optisch dünneren ($c = c_0/n$), und zur Zeit t_2 hat die Einhüllende der Kugelwellen die Lage 2 erreicht. So setzt sich die Fortpflanzung über die Intervalle 2 und 3 fort. Man erkennt so, daß die Lichtwellen zum dichteren Medium hin abgelenkt werden.

In der Meßstrecke des Stoßrohres bedeutet das, daß die Laserstrahlen, die als Interferometerbeleuchtung dienen, nach Ausbildung der Temperaturgrenzschicht zur dichteren, kälteren Seite, also zur Rückwand hin abgelenkt werden. Die Strahlen, die ganz dicht an der Rückwand verlaufen, werden also gegen die Wand gelenkt und erscheinen auf dem Interferenzbild nicht (Abb. 15). Erst Strahlen, die ursprünglich einen bestimmten Abstand von der Wand haben, kommen an der Kante der Rückwand vorbei und verlassen die Meßstrecke unter einem Winkel zur ursprünglichen Richtung.

Bei geeigneter Wahl des Abstandes g der abgebildeten Ebene 0 innerhalb der Meßstrecke (s. Abb. 2) wird erreicht, daß durch die optische Abbildung in der Filmebene ein beinahe unverzerrtes Bild entsteht, d. h. die Fehler durch den gekrümmten Verlauf der Lichtstrahlen werden durch die Optik fast ausgeglichen, nur der Bereich, aus dem die Strahlen gegen die Rückwand verlaufen, bleibt dunkel. Diesen Effekt sieht man deutlich in dem Lichtbild der Abb. 16, wo die Interferenzstreifen ein Stück vor der Rückwand enden. Der Abstand der senkrechten, punktierten Maßlinien von der Rückwand ist tatsächlich der gleiche wie auf den Bildern, die den gleichförmigen Zustand vor Eintreffen der Stoßwelle zeigen.

Bei der Auswertung der Interferogramme wird angenommen, daß die Lichtstrahlen im Interferometer geradlinig verlaufen und daß sich auf dem Weg eines Lichtstrahls die Dichte nicht ändert. Wegen der Krümmung in der Grenzschicht durchläuft das Licht nun doch Gasschichten mit verschiedener Dichte. Dies führt zu einem Fehler bei der Interpretation der Streifenverschiebung. Dieser Fehler wird am kleinsten, wenn die abgebildete Ebene 0 der Meßstrecke bei $g = D/3$ [8] liegt. In den Experimenten wurde diese Anordnung gewählt. Die Verzerrung der x-Achse durch den gleichen Effekt ist dann nicht minimal.

Diese beiden Fehler kann man abschätzen, wenn der Verlauf des Dichtegradienten bekannt ist. BUNTING und DEVOTO [8] haben in einer ausführlichen Ableitung aus Ansätzen von WACHTELL [23] Formeln entwickelt, die für die Stoßrohrverhältnisse gelten und die gemessene Dichteverteilung berücksichtigen. Für die Korrektur S_r der Streifenverschiebung ergibt sich (s. [8], Gl. B. 20)

$$\gamma = g/D, \qquad \beta = \frac{t'}{n_g \cdot D},$$

t' = Fensterdicke, n_g = Brechungsindex des Glases,

$$b_1 = K \left.\frac{\partial \varrho}{\partial x}\right|_x; \qquad b_2 = \frac{K}{2} \left.\frac{\partial^2 \varrho}{\partial x^2}\right|_x; \qquad b_3 = \frac{K}{6} \left.\frac{\partial^3 \varrho}{\partial x^3}\right|_x$$

(K = Gladstone-Dale-Konstante, Λ = Lichtwellenlänge)

$$\Lambda S_r = \left(\frac{\gamma b_1^2}{2} - \frac{b_1^2}{6}\right) D^3 + \left[-b_1^2 b_2 \gamma^2 + \frac{b_1^4 \gamma}{8} + b_1^2 b_2 \gamma + \frac{b_1^4}{40} - \frac{b_1^2 b_2}{5} \right.$$

$$-\frac{b_1^4 \beta}{8}\left(\frac{1}{n_g^2}-1\right)\Bigg]D^5 + \Bigg[\left(\gamma^3 - \frac{3\gamma^2}{2} + \frac{3\gamma}{4} - \frac{3}{28}\right)b_1^3 b_3$$
$$+\left(-\frac{4\gamma^2}{3} + \frac{25\gamma}{36} - \frac{1}{252}\right)b_1^4 b_2 + \left(-\frac{2}{3}\gamma^2 + \frac{4}{9}\gamma - \frac{4}{63}\right)b_1^2 b_2^2 \qquad (8)$$
$$+\left(\frac{1}{2} - \gamma + \frac{2\gamma-1}{2n_g^2}\right)b_1^4 b_2 \beta + \left(\frac{7\gamma}{144} + \frac{\beta}{16} - \frac{\beta}{16\,n_g^4} + \frac{5}{1008}\right)b_1^6\Bigg]D^7 + 0\,(D^9)$$

In unserem Fall war

$$\gamma = 1/3; \quad \beta = 0{,}58466; \quad K = 0{,}1582 \text{ cm}^3/\text{g};$$
$$t = 50 \text{ mm}; \quad D = 56{,}4 \text{ mm}; \quad n_g = 1{,}5163; \quad \Lambda = 0{,}6943 \cdot 10^{-3} \text{ mm}.$$

Damit wird

$$\Lambda S_r = b_1^2 D^5 \,[0{,}0222222\, b_2 - 0{,}0246297\, b_1^2$$
$$+\,(0{,}0132275\, b_1 b_3 + 0{,}0105820\, b_2^2 + 0{,}1344268\, b_1^2 b_2 \qquad (9)$$
$$+\,0{,}0507928\, b_1^4)\, D^2 + \cdots]$$

In der Gegend des stärksten gemessenen Dichtegradienten 0,17 mm vor der Rückwand wird mit

$$b_1 = -4{,}31 \cdot 10^{-5}/\text{mm}; \quad b_2 = 1{,}156 \cdot 10^{-4}/\text{mm}^2; \quad b_3 = -8{,}75 \cdot 10^{-4}/\text{mm}^3$$

der Fehler der Streifenverschiebung

$$S_r = 0{,}007 \leq 1/100,$$

also kleiner als der Ablesefehler der Interferogramme. Größer wird dagegen die Verzerrung Dx der x-Koordinate, da die abgebildete Ebene nicht im günstigsten Abstand von $g = D/2$ liegt. Nach [8] [Gl. (6.25)] ist

$$Dx = -b_1 D^2 \left\{\left(\frac{1}{2} - \gamma\right) + \frac{b_1^2 + 2b_2}{24}(1 - 4\gamma)D^2 \right. \qquad (10)$$
$$\left. + \frac{b_1^4 + 22 b_1^2 b_2 + 18 b_1 b_3 + 4 b_2^2}{720}(1 - 6\gamma)D^4 + 0\,(D^6)\right\}.$$

Es ergibt sich mit den obigen Zahlenwerten an der Stelle $x = 0{,}17$ mm des stärksten Dichtegradienten

$$Dx = 0{,}02 \text{ mm},$$

also ein relativer Fehler von

$$\frac{\delta x}{x} \approx 0{,}12 = 12\%.$$

Die scheinbare Vergrößerung der Abstände x ergibt für die Temperaturprofile eine Aufsteilung. Dadurch wird einerseits die Krümmung $\partial^2 T/\partial x^2$ größer, andererseits auch die zeitliche Temperaturabnahme $\partial T/\partial t$. Beide Effekte wirken in Gl. (1.10) einander entgegen. Man kann ihr Zusammenwirken nicht abschätzen.

6. Gaszusammensetzung

Das Testgas Argon wurde ungünstigstenfalls in der Form »Schweißargon 99,95%« benutzt, also mit höchstens 0,05% Anteil an Luft, deren Leitfähigkeit größer ist als die von Argon. Der Niederdruckteil des Stoßrohres wurde vor dem Füllen mit Argon auf $p < 10^{-4}$ Torr evakuiert, anschließend mit 3 ata Ar gespült und dann auf den Versuchsdruck abgepumpt. Damit ergibt sich rechnerisch ein Restgasanteil von

$$10^{-4}/3 \cdot 735 \approx 0,5 \cdot 10^{-7}.$$

Das Öl der Diffusionspumpe hat bei 25°C einen Dampfdruck von ca. 10^{-8} Torr, das ergibt bei einem Versuchsdruck von minimal 10 Torr eine relative Verunreinigung von 10^{-9}. Im ganzen verursacht die Verunreinigung des Testgases eine fast unmerkliche Vergrößerung der Wärmeleitfähigkeit.

7. Endliche Breite der Interferenzstreifen

Die Auswertung beginnt mit dem Ausmessen der Interferogramme unter dem Meßmikroskop. Das Abschätzen der Streifenmitte ist auf etwa $\pm 0,005$ mm genau möglich. Bei einem Streifenabstand von etwa 0,300 mm ergibt das eine Unsicherheit von etwa 2%. Die nebeneinanderliegenden Streifen eines Bildes sind infolge von Spiegelunebenheiten und geringen Druckstörungen meist nicht kongruent untereinander. Deshalb wurden von einem Interferogramm mehrere (meist 8) Interferenzstreifen vermessen und das Ergebnis gemittelt. Einflüsse von der Beschaffenheit der Spiegel und der Einstellung des Interferometers (geringe Schräglage der Streifen) wurden weitgehend dadurch ausgeschaltet, daß jeweils zusätzlich ein Bild ausgemessen wurde, das vor dem Durchgang der Stoßwelle durch die Meßstrecke aufgenommen war. Dieser Nulleffekt wurde dann von den Daten der Bilder mit Temperaturgrenzschicht abgezogen. Die Ungenauigkeit der Temperaturprofile aus der Streifenvermessung ist sicher gering gegen diejenige aus der Unsicherheit der Machzahlmessung.

8. Grenzschichtdicke

Die gemittelten Temperaturprofile zeigen bei stärkerer Vergrößerung in großen Abständen von der Rohrrückwand einen unerwarteten Verlauf (Abb. 17). In Abb. 17 ist die Streifenverschiebung $Y(x^*)$ bis zu x-Werten außerhalb der Grenzschicht aufgetragen ($x^* = 5$ mm entspricht etwa $x = 10,5$ mm). Die Abweichungen vom erwarteten gleichförmigen Zustand 5 erklären sich aus der Verdrängungswirkung der Grenzschicht hinter der einfallenden Stoßwelle bzw. hinter dem Expansionsfächer. Einer Störungsrechnung von VÝŠKA [21] zufolge sind diese beiden Grenzschichten Quelle von Expansions- und Kompressionswellen. Diese ergeben veränderliche Zustandsgrößen im Bereich hinter der einfallenden und damit auch hinter der reflektierten Stoßwelle, wo in erster Näherung, wie üblich, konstante Verhältnisse angenommen werden. Um den Bezugszustand 5 zur Bestimmung der Temperaturprofile in den Interferogrammen zu erhalten, wurden die Streifenprofile, wie in Abb. 17 gezeigt, punktweise aufgezeichnet. Es ergab sich, daß man eine Dicke der Temperaturgrenzschicht erkennen konnte, die dadurch definiert war, daß die Interferenzstreifen dort eine waagerechte Tangente hatten. Man konnte beobachten, daß diese Grenzschichtdicke in aufeinanderfolgenden Interferogrammen etwa mit $\sqrt{t}$ zunahm. An dem so definierten Rand der Grenzschicht wurde der Zustand 5 angenommen. Die Unsicherheit dieser Annahme beträgt etwa 0,005 mm entsprechend einem relativen Fehler von 2% für die Interferenzstreifenposition. Aus der Gl. (4.3) ergibt sich hieraus bei den Versuchsbedingungen eine Unsicherheit in der Temperatur T_5 von 20°K oder 0,4% für einen einzelnen Interferenzstreifen. Bei der Mittelung über 8 Streifen verkleinert sich der Fehler um den Faktor $1/\sqrt{7}$ auf etwa 0,15%.

9. Abschattungseffekt

Das Integral in Gl. (1.15) wird durch Flächenausmessung bestimmt. Der Integrand aber konnte, wie gesagt, nicht bis zur unteren Grenze des Integrals bei $x = 0$ gemessen werden. Der Funktionsverlauf läßt sich indessen extrapolieren. Man muß dabei eine Unsicherheit von 10% in Kauf nehmen.

10. Zeitliche und räumliche Ableitungen der Ausgleichspolynome

Der Grad der Polynome wurde von 3 bis 12 variiert, und aus den Polynomen, die dem gemessenen Temperaturprofil am nächsten kamen, wurde die Schwankung der Ableitungen ermittelt. Dabei ergab sich naturgemäß für die Temperatur T selbst ein sehr kleiner Fehler:

$$\frac{\delta T}{T} \leq 0{,}05\%$$

Hier überwiegen also bedeutend die anderen Fehlereinflüsse. Bei den Ableitungen wird der Fehler schnell größer

$$\frac{\delta T_x}{T_x} \leq 1\%; \qquad \frac{\delta T_{xx}}{T_{xx}} \leq 4\%.$$

Am größten ist der Fehler der Zeitableitung der Temperatur, der wieder aus der Unsicherheit von T selbst resultiert.
Entsprechend Gl. (4.5) ist dieser Fehler der Zeitableitung wegen $T_3 \approx T_1$

$$\frac{\delta T_t}{T_t} = \frac{\delta(T_3 - T_1)}{T_3 - T_1} + \frac{\delta(t_3 - t_1)}{t_3 - t_1} \approx \frac{T_3}{T_3 - T_1}\left(\frac{\delta T_3}{T_3} + \frac{\delta T_1}{T_1}\right) + \frac{\delta(t_3 - t_1)}{t_3 - t_1}.$$

Der relative Fehler der Zeitdifferenz ist etwa 0,01%. Die Unsicherheit der Temperaturen T_1 und T_3 ergibt sich hauptsächlich aus dem Fehler für die Bezugstemperatur T_5. Dieser Einfluß ist bei T_1 und T_3 gleich und verschwindet bei der Differenzbildung. Es bleiben lediglich die Fehler, die von der Bestimmung der Grenzschichtdicke herrühren. Damit wird

$$\frac{\delta T_t}{T_t} \approx \frac{T_3}{T_3 - T_1}\left(\frac{\delta T_3}{T_3} + \frac{\delta T_1}{T_1}\right) = 50 \cdot 0{,}3\% = 15\%.$$

11. Einfluß der Strahlung

Der Energiestrom durch Abstrahlung aus dem leuchtenden Gas hinter dem reflektierten Stoß ist von GOLOBIC und NEREM [26] in Luft zwischen 10000 und 20000°K gemessen worden. Durch Extrapolation auf 5000°K ergibt sich ein Wert von

$$q_s = 4{,}5 \cdot 10^4 \text{ W/m}^2,$$

der einem Energiestrom q_w durch Wärmeleitung von

$$q_w = 2{,}8 \cdot 10^5 \text{ W/m}^2$$

bei den Experimenten dieser Arbeit gegenübersteht. Der Energiestrom q_s der Strahlung wird aber weder bei den Messungen des Wärmestromes mit Widerstands-Thermometern (wegen der reflektierenden Oberfläche) noch bei der Aufnahme der Temperaturprofile mit dem Interferometer wesentlich mitgemessen. Im Falle der Temperaturprofile tritt durch die Abstrahlung aus dem optisch dünnen Medium eine gleichmäßige Abkühlung des ganzen Volumens ein, die an den Temperaturprofilen nichts ändert. Lediglich die Bezugstemperatur T_5 wird niedriger als erwartet. Bei einer Temperaturabnahme in der Grenzschicht durch Wärmeleitung von etwa $1°K/\mu s$ dürfte, entsprechend dem Verhältnis der Energieströme, diejenige durch Strahlung in der Grenzschicht und damit auch im übrigen Volumen $1/6°K/\mu s$ betragen; das bedeutet einen zusätzlichen Fehler für T_5 von $50°K$ in $300\ \mu s$, entsprechend

$$\delta T_5/T_5 = 1\%.$$

12. Gesamtfehler

Man kann nun den Gesamtfehler in λ abschätzen. Für die Temperatur ergeben sich aus den Abschnitten 6.2 und 6.8 Fehler von 7% bzw. 1%. Das ergibt einen Gesamtfehler von

$$\frac{\delta T}{T} = \sqrt{\left(\frac{\delta T}{T}\right)_1^2 + \left(\frac{\delta T}{T}\right)_2^2} \approx 7\%.$$

Für ϱ ergeben sich aus 6.2

$$\frac{\delta \varrho}{\varrho} = 5\%.$$

Der Gesamtfehler der räumlichen Ableitungen der Temperatur setzt sich aus den in den Abschnitten 6.3 bzw. 6.10 behandelten Fehlern des fotografischen Abbildungsmaßstabs und der Ableitung der Polynome zusammen. Für den Temperaturgradienten ergibt sich

$$\frac{\delta T_x}{T_x} = 3\%$$

und für die zweite Ableitung

$$\frac{\delta T_{xx}}{T_{xx}} = 5\%.$$

Aus der Gl. (1.10) für $\lambda^{(1)}$ ergibt sich damit ein Fehler

$$\frac{\delta \lambda^{(1)}}{\lambda^{(1)}} = \frac{\delta \varrho}{\varrho} + \frac{\delta c_p}{c_p} + \frac{\delta T_t}{T_t} + \frac{\delta T_{xx}}{T_{xx}} = 0{,}05 + 0 + 0{,}16 + 0{,}05 = 0{,}26 = 26\%. \quad (11)$$

Ebenso ergibt sich für $\Delta \lambda^{(2)}$ [Gl. (1.15)]

$$\frac{\delta \Delta \lambda^{(2)}}{\Delta \lambda^{(2)}} = \frac{\delta c_p}{c_p} + \frac{\delta T_x}{T_x} + \frac{\delta T_{xx}}{T_{xx}} + \frac{\delta f \ldots}{f \ldots} \quad (12)$$

$$= 0 + 0{,}03 + 0{,}05 + 0{,}10 = 0{,}18 = 18\%.$$

Für $\Delta \lambda^{(3)}$ ergibt sich mit [Gl. (1.20)]

$$\frac{\delta \Delta \lambda^{(3)}}{\Delta \lambda^{(3)}} = \frac{\delta \alpha}{\alpha} + \frac{\delta T}{T} + 2\frac{\delta T_x}{T_x} + \frac{\delta T_{xx}}{T_{xx}} + \frac{\delta \lambda^{(2)}}{\lambda^{(2)}}. \quad (13)$$

Mit $\delta\alpha/\alpha = 5\%$ und $\delta\lambda^{(2)}/\lambda^{(2)} = 20\%$ wird

$$\frac{\delta \Delta \lambda^{(3)}}{\Delta \lambda^{(3)}} = 0{,}05 + 0{,}07 + 0{,}06 + 0{,}05 + 0{,}20 = 0{,}43 = 43\%.$$

Wegen des schwachen Einflusses von $\Delta\lambda^{(3)}$ wird dessen absoluter Fehler dennoch klein. Der Gesamtfehler für λ wird mit Gl. (1.17a)

$$\delta\lambda = \sqrt{\delta\lambda^{(1)2} + \delta\Delta\lambda^{(2)2} + \delta\Delta\lambda^{(3)2}}$$

und liegt für die gemessenen Werte bei

$$\delta\lambda = 0{,}0277 \text{ W/m}^\circ\text{K}$$

entsprechend

$$\frac{\delta\lambda}{\lambda} = 0{,}20 = 20\%.$$

Damit ist er kleiner als bei früheren Arbeiten [9], wo er mit 50% angegeben ist.

7. Zusammenfassung

Es ist in dieser Arbeit zum erstenmal gelungen, Zahlenwerte für die Wärmeleitfähigkeit λ von Argon bei Temperaturen von ca. 5000°K aus Messungen direkt zu gewinnen. Aus den Grundgleichungen für die am Ende des Stoßwellenrohres nach der Reflexion des Stoßes sich ausbildende kompressible Temperaturgrenzschicht wird eine Differentialgleichung für λ hergeleitet, die wegen des geringen Gewichts des Terms mit der Temperaturabhängigkeit von λ als Bestimmungsgleichung für λ benutzt werden kann. Die Temperaturabhängigkeit von λ wird in einer kleinen nachträglichen Korrektur berücksichtigt.

Zeitlich aufgelöste Interferenzaufnahmen von der Temperaturgrenzschicht am Rohrende erlauben es, die in der Bestimmungsgleichung für λ auftretenden Funktionen, insbesondere erstmalig die zeitliche Änderung der Temperatur, zu messen und die Gleichung aufzulösen.

Zur experimentellen Untersuchung der Temperaturgrenzschicht im Stoßrohr dient eine Anordnung, bestehend aus einem Mach-Zehnder-Interferometer, das durch einen gepulsten Rubin-Laser beleuchtet wird, und einer Drehspiegelkamera zur Aufnahme der hochfrequenten Bildfolge. Laser und Kamera befanden sich zur Zeit der Versuche noch im Entwicklungsstadium, so daß die Justierung der optischen Meßinstrumente anfangs große Schwierigkeiten bereitete, bis das in Abschnitt 6.4 beschriebene Verfahren das von Zeit zu Zeit notwendige Nachjustieren beschleunigte.

Auch die Auswertung der Interferogramme erforderte längere Vorarbeiten. Es zeigte sich z. B., daß bei Verwendung der üblichen Kurvenlineale zum Zeichnen der Temperaturprofile $T(x^*)$ die zweiten Ableitungen Sprünge aufwiesen, und zwar an den Stellen, wo die Kurvenzüge aus Stücken zusammengesetzt waren. An Stelle der festen Kurvenlineale wurden daraufhin Drähte benutzt, die beim Verbiegen eine stetige Krümmung behielten. Bei der Differentiation der Temperaturprofile wurden zunächst graphische Methoden angewandt. Als sich diese als zu ungenau erwiesen, wurde numerische Differentiation versucht. Hier verursachten die kleinen Differenzen großer Zahlen starke Fehler. Analytische Ableitung von Approximationspolynomen brachte schließlich die höchste erreichbare Genauigkeit. Dabei mußte zu einem Approximationsverfahren gegriffen werden, das statt der GAUSSschen Fehlerquadratmethode einen Integrationsschritt zur Glättung der gesuchten Polynome enthält.

So werden Zahlenwerte für λ berechnet, die mit einem möglichen Fehler von etwa 20% mindestens ebenso sicher wie bisher angegebene Funktionsverläufe sein dürften und dabei den Vorteil haben, Absolutmessungen zu sein. Die hier angewandte Meßmethode wurde bis 5000°K verwendet. Dies stellt keine Beschränkung für die Temperatur dar. Bei der Bestimmung von λ bei höheren Temperaturen muß jedoch durch Zusatzmessungen der Einfluß der Strahlung erfaßt werden. Hierbei sind im wesentlichen zwei zusätzliche Messungen erforderlich, einmal die Bestimmung der Absoluttemperatur T_5 und zum anderen die Messung des Strahlungsflusses. Die Ionisation ist in der Zustandsgleichung (1.4) zu berücksichtigen.

Das Meßverfahren kann in der beschriebenen Form auch auf andere Edelgase angewandt werden. Für dissoziierende Gase ist die Gl. (2.3) für den Brechungsindex n des Gases entsprechend zu ändern.

8. Literaturverzeichnis

[1] SMILEY, E. F., The measurement of the thermal conductivity of gases at high temperatures with a shock tube: experimental results in argon at temperatures between 1000°K and 3000°K. Diss. Catholic University of American Press (1957).

[2] HANSEN, C. F., R. A. EARLY, F. E. ALZOFON and F. C. WITTEBORN, The theoretical and experimental investigation of heat conduction in air, including effects of oxygen dissociation. NASA TR R-27 (1959).

[3] PENG, T. C., and W. F. AHTYE, Experimental and theoretical study of heat conduction for air up to 5000°K. NASA TN D-687 (1960).

[4] COLLINS, D. J., and W. A. MENARD, Measurements of thermal conductivity of noble gases in the temperature range 1500 to 5000°K. J. Heat Transfer **C88**, 52 (1966).

[5] COLLINS, D. J., R. GREIF and A. E. BRYSON jr., Measurements of the thermal conductivity of helium in the temperature range 1600–6700°K. Int. J. Heat Mass Transfer **8**, 1209 (1965).

[6] CAMAC, M., and R. M. FEINBERG, Thermal conductivity of argon at high temperatures. J. Fluid Mech. **21**, 673 (1965).

[7] MATULA, R. A., High temperature thermal conductivity of rare gases and gas mixtures. J. Heat Transfer **C90**, 319 (Aug. 1968).

[8] BUNTING, J. O., and R. S. DEVOTO, Shock tube study of the thermal conductivity of argon. Stanford University, Dept. of Aeronautics and Astronautics, SUDAAR No. 313 (Juli 1967).

[9] SMEETS, G., Bestimmung der Wärmeleitfähigkeit heißer Gase aus der Temperaturgrenzschicht im Stoßrohr. Z. Naturforschung **20a**, 683 (1965).

[10] HILSENRATH, J., C. G. MESSINA and M. KLEIN, Table of thermodynamic properties and chemical composition of argon in chemical equilibrium, including second virial corrections, from 2400°K to 35000°K. Arnold Engineering Development Center AEDC-TR-66-248 (Dez. 1966).

[11] FAY, J. A., and D. ARNOLDI, High-temperature thermal conductivity of argon. Phys. Fluids **11**, 983 (Mai 1968).

[12] KINDER, W., Theorie des Mach-Zehnder-Interferometers und Beschreibung eines Gerätes mit Einspiegeleinstellung. Optik **1**, 413 (1946).

[13] LADENBURG, R., and D. BERSHADER, Interferometry, in: Physical Measurements in Gas Dynamics and Combustion, S. 47, Princeton University Press (1954).

[14] ALPHER, R. A., and D. R. WHITE, Optical refractivity of high temperature gases. I. Effects resulting from dissociation of diatomic gases. Phys. Fluids **2**, 153 (1959).

[15] ALPHER, R. A., and D. R. WHITE, Optical refractivity of high temperature gases. II. Effects resulting from ionization of monatomic gases. Phys. Fluids **2**, 162 (1959).

[16] LAPORTE, O., High temperature shock waves. 3rd AGARD Colloquium on Combustion and Propulsion, S. 499, Pergamon Press Oxford (1958).
[17] RESLER, E. L., S.-C. LIN and A. KANTROWITZ, The production of high temperature gases in shock tubes. J. Appl. Phys. **23**, 1390 (1952).
[18] ALFS, A., Laserstroboskop im Megahertzbereich. Diss., TH Aachen (1968), und 8th Int. Congress on High-Speed Photography, Stockholm (Juni 1968).
[19] GLASS, I. I., and J. G. HALL, Shock tubes. I. Theory and performance of simple shock tubes by I. I. GLASS. – II. Production of strong shock waves; shock tube applications, design, and instrumentation by J. G. HALL. Univ. of Toronto, Inst. of Aerophys., UTIA Rev. No. 12 (Mai 1958).
[20] AMDUR, I., and E. A. MASON, Properties of gases at very high temperatures. Phys. Fluids **1**, 370 (1958).
[21] VÝŠKA, K., Der Einfluß der Grenzschicht auf einige Gaszustände in einem Stoßrohr mit Düse. Prace Instytutu Mazyn Przepływowych, Trans. of the Inst. of Fluid-Flow Machinery **34**, 157, Warszawa – Poznań 1967.
[22] HOWES, W. L., and D. R. BUCHELE, Practical considerations in specific applications of gas-flow interferometry. NACA TN 3507 (Juli 1955).
[23] WACHTELL, G. P., Refraction effect in interferometry of boundary layer of supersonic flow along flat plate. Diss., Princeton University (1951), Abstract in Phys. Rev. **78**, 333 (1950).
[24] BEYLICH, A. E., Stoßwellenstruktur in binären Gasgemischen. Diss., TH Aachen (1968).
[25] RIXEN, W., Entwicklung und Konstruktion einer Streakkamera. Studienarbeit am Inst. für Allg. Mechanik, TH Aachen (1966).
[26] GOLOBIC, R. A., and R. M. NEREM, Shock tube measurements of end-wall heat transfer in air. AIAA J. 6, 1741 (Sept. 1968).
[27] MERTENS, H., Numerische Methoden bei der Darstellung der Materialfunktionen. Staatsarbeit, TH Aachen, 1. Phys. Institut (Mai 1968).

9. Anhang

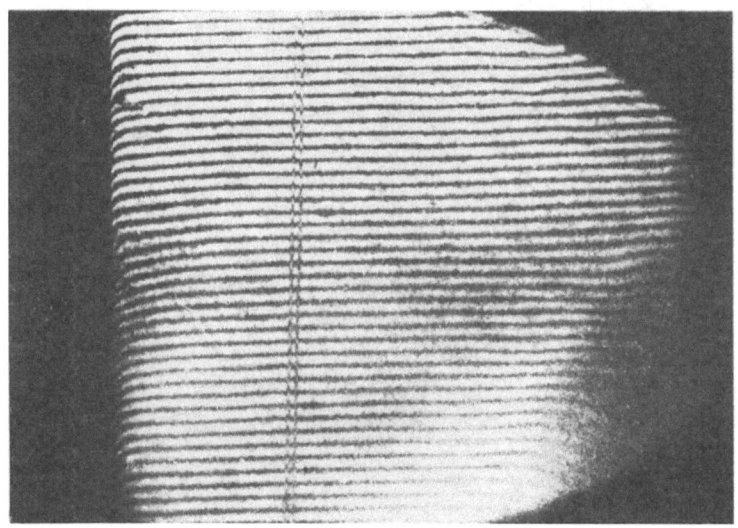

Abb. 1 Interferogramm des Zustands 920 µs nach der Stoßreflexion

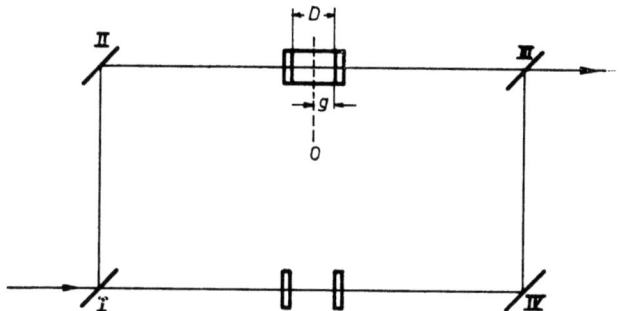

Abb. 2 Strahlengang im Mach-Zehnder-Interferometer

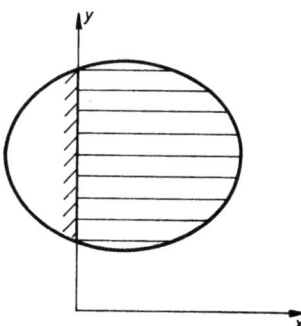

Abb. 3 Bildfeld des Interferometers

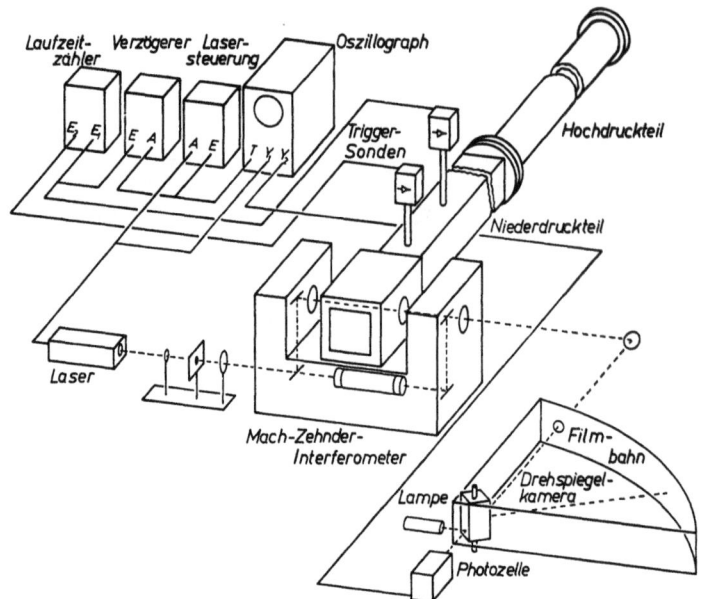

Abb. 4 Versuchsaufbau

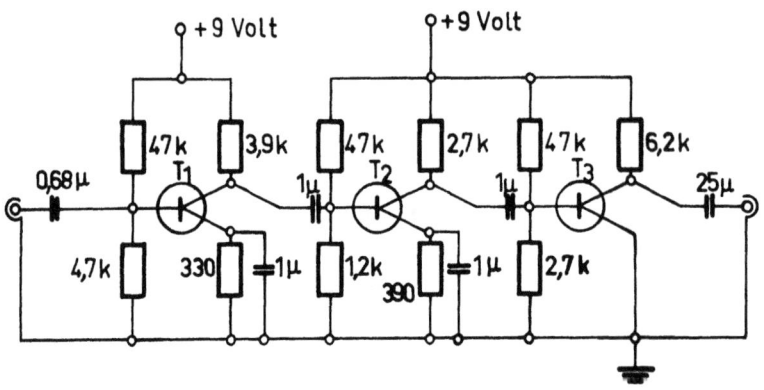

Abb. 5 Transistorverstärker für Filmthermometer
$T_1, T_2, T_3 =$ ASY 29

Abb. 6 Anordnung von Meßstrecke und Interferometer

Abb. 7 Laser mit Modulator
Von rechts: Externer Spiegel, KDP-Kristall, Polarisator (verdeckt), Lasergehäuse

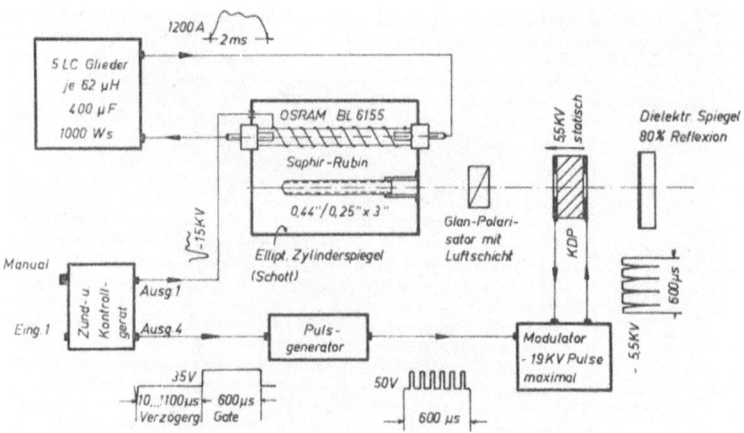

Abb. 8 Blockschema des Laser-Stroboskops

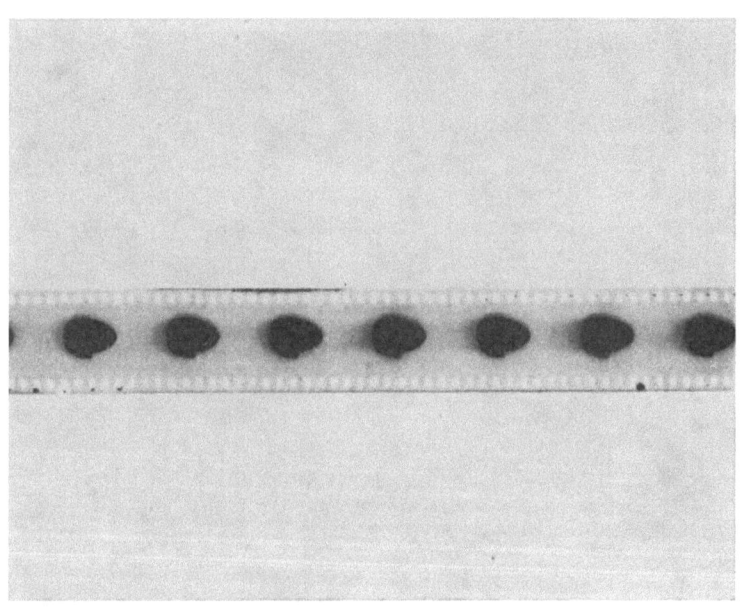

Abb. 9 Filmstreifen mit Interferogrammen

Abb. 10 Drehspiegelkamera, Interferometer und Umlenkspiegel

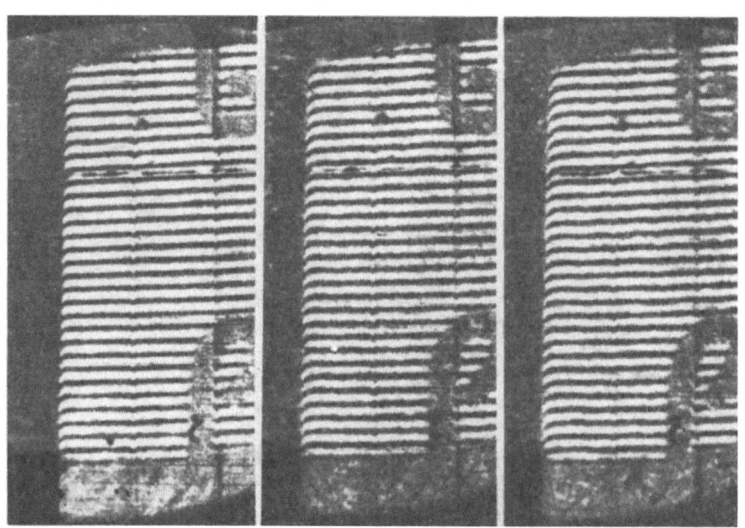

Abb. 11 Entwicklung der Temperaturgrenzschicht

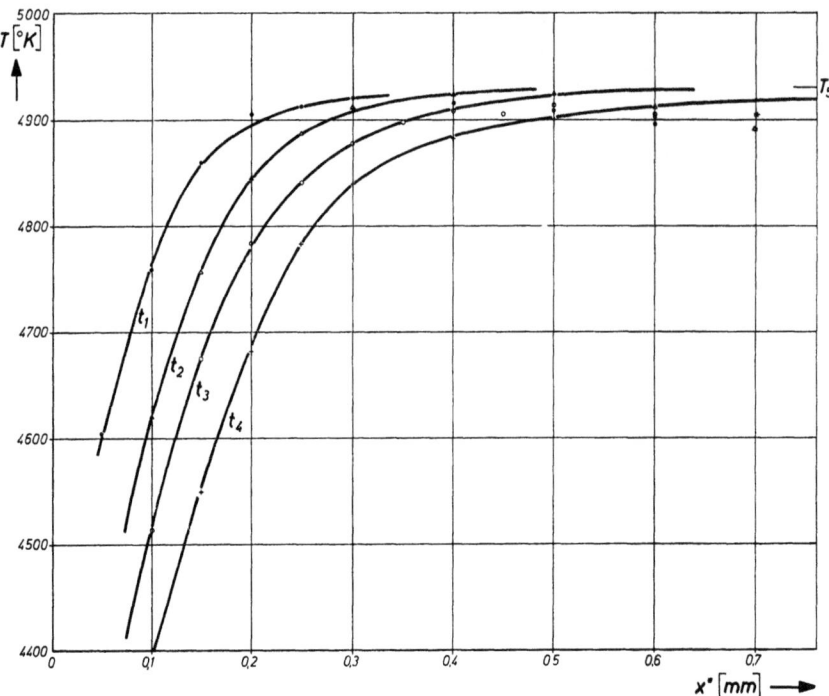

Abb. 12 Temperaturverlauf in der Grenzschicht zu verschiedenen Zeiten

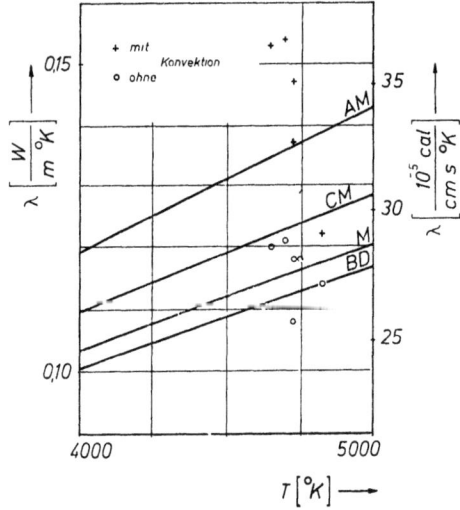

Abb. 13 Unmittelbar gemessene Wärmeleitfähigkeit von Argon als Funktion der Temperatur
Vergleichskurven auf Grund früherer Annahmen des Exponenten σ
in der Temperaturabhängigkeit $\lambda \sim T^\sigma$

AM Amdur, Mason [20]; CM Collins, Menard [4];
M Matula [7]; BD Bunting, Devoto [8]

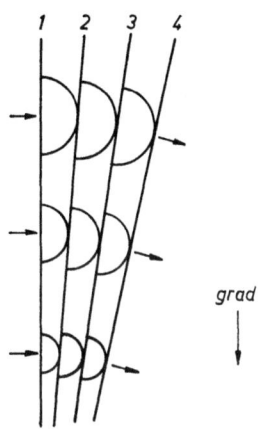

Abb. 14 Lichtausbreitung im Medium mit Dichtegradient

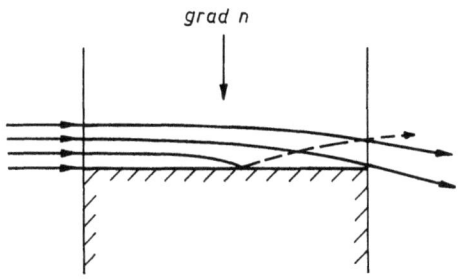

Abb. 15 Lichtausbreitung in der Stoßrohrgrenzschicht

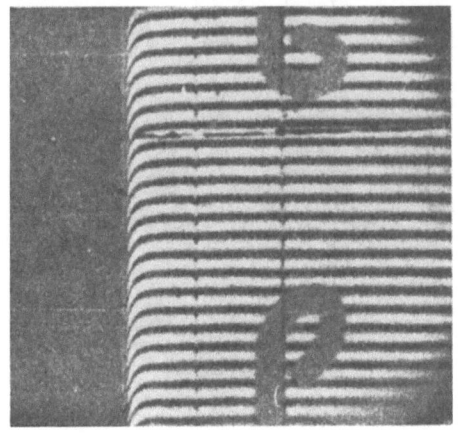

Abb. 16 Interferogramm mit dunkler Zone als Folge des Dichtegradienten

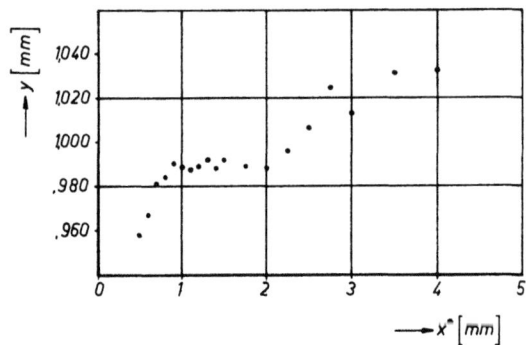

Abb. 17 Interferenzstreifenverlauf außerhalb der Temperaturgrenzschicht

Forschungsberichte des Landes Nordrhein-Westfalen

Herausgegeben im Auftrage des Ministerpräsidenten Heinz Kühn
von Staatssekretär Professor Dr. h. c. Dr. E. h. Leo Brandt

Sachgruppenverzeichnis

Acetylen · Schweißtechnik
Acetylene · Welding gracitice
Acétylène · Technique du soudage
Acetileno · Técnica de la soldadura
Ацетилен и техника сварки

Arbeitswissenschaft
Labor science
Science du travail
Trabajo científico
Вопросы трудового процесса

Bau · Steine · Erden
Constructure · Construction material ·
Soil research
Construction • Matériaux de construction ·
Recherche souterraine
La construcción · Materiales de construcción ·
Reconocimiento del suelo
Строительство и строительные материалы

Bergbau
Mining
Exploitation des mines
Minería
Горное дело

Biologie
Biology
Biologie
Biologia
Биология

Chemie
Chemistry
Chimie
Quimica
Химия

Druck · Farbe · Papier · Photographie
Printing · Color · Paper · Photography
Imprimerie · Couleur · Papier · Photographie
Artes gráficas · Color · Papel · Fotografía
Типография · Краски · Бумага · Фотография

Eisenverarbeitende Industrie
Metal working industry
Industrie du fer
Industria del hierro
Металлообрабатывающая промышленность

Elektrotechnik · Optik
Electrotechnology · Optics
Electrotechnique · Optique
Electrotécnica · Optica
Электротехника и оптика

Energiewirtschaft
Power economy
Energie
Energía
Энергетическое хозяйство

Fahrzeugbau · Gasmotoren
Vehicle construction · Engines
Construction de véhicules · Moteurs
Construcción de vehículos · Motores
Производство транспортных средств

Fertigung
Fabrication
Fabrication
Fabricación
Производство

Funktechnik · Astronomie
Radio engineering · Astronomy
Radiotechnique · Astronomie
Radiotécnica · Astronomía
Радиотехника и астрономия

Gaswirtschaft
Gas economy
Gaz
Gas
Газовое хозяйство

Holzbearbeitung
Wood working
Travail du bois
Trabajo de la madera
Деревообработка

Hüttenwesen · Werkstoffkunde
Metallurgy · Materials research
Métallurgie · Matériaux
Metalurgia · Materiales
Металлургия и материаловедение

Kunststoffe
Plastics
Plastiques
Plásticos
Пластмассы

Luftfahrt · Flugwissenschaft
Aeronautics · Aviation
Aéronautique · Aviation
Aeronáutica · Aviación
Авиация

Luftreinhaltung
Air-cleaning
Purification de l'air
Purificación del aire
Очищение воздуха

Maschinenbau
Machinery
Construction mécanique
Construcción de máquinas
Машиностроительство

Mathematik
Mathematics
Mathématiques
Matemáticas
Математика

Medizin · Pharmakologie
Medicine · Pharmacology
Médecine · Pharmacologie
Medicina · Farmacología
Медицина и фармакология

NE-Metalle
Non-ferrous metal
Metal non ferreux
Metal no ferroso
Цветные металлы

Physik
Physics
Physique
Física
Физика

Rationalisierung
Rationalizing
Rationalisation
Racionalización
Рационализация

Schall · Ultraschall
Sound · Ultrasonics
Son · Ultra-son
Sonido · Ultrasónico
Звук и ультразвук

Schiffahrt
Navigation
Navigation
Navegación
Судоходство

Textilforschung
Textile research
Textiles
Textil
Вопросы текстильной промышленности

Turbinen
Turbines
Turbines
Turbinas
Турбины

Verkehr
Traffic
Trafic
Tráfico
Транспорт

Wirtschaftswissenschaften
Political economy
Economie politique
Ciencias económicas
Экономические науки

Einzelverzeichnis der Sachgruppen bitte anfordern

Westdeutscher Verlag · Köln und Opladen
567 Opladen/Rhld., Ophovener Straße 1–3, Postfach 1620

MIX
Papier aus verantwortungsvollen Quellen
Paper from responsible sources
FSC® C105338

If you have any concerns about our products,
you can contact us on
ProductSafety@springernature.com

In case Publisher is established outside the EU,
the EU authorized representative is:
**Springer Nature Customer Service Center GmbH
Europaplatz 3, 69115 Heidelberg, Germany**

Printed by Libri Plureos GmbH
in Hamburg, Germany